CIÊNCIAS DA NATUREZA
E SUAS TECNOLOGIAS

conecte LIVE

CÉSAR DA SILVA JR.

Licenciado em História Natural pela Faculdade de Filosofia, Ciências e Letras da Universidade de São Paulo (FFCL-USP).

Professor de Biologia na rede particular de ensino de São Paulo.

SEZAR SASSON

Licenciado em Ciências Biológicas pelo Instituto de Biociências da Universidade de São Paulo (IB-USP).

Ex-professor e ex-supervisor de curso pré-vestibular em São Paulo.

Professor de Biologia nas redes pública e particular de ensino de São Paulo.

TEREZA COSTA

Bacharela e licenciada em Ciências Biológicas pela Universidade Federal de São Carlos (UFSCar-SP).

Mestra em Ecologia e Recursos Naturais pela Universidade Federal de São Carlos (UFSCar-SP).

Ex-professora de Biologia na rede pública de ensino do estado de São Paulo.

Tecnologista em Saúde Pública na Fundação Oswaldo Cruz (Fiocruz).

Biologia

Caderno de Atividades

ENEM E VESTIBULARES

Editora Saraiva

Editora Saraiva

Presidência: Mario Ghio Júnior
Direção de soluções educacionais: Camila Montero Vaz Cardoso
Direção editorial: Lidiane Vivaldini Olo
Gerência editorial: Viviane Carpegiani
Gestão de área: Julio Cesar Augustus de Paula Santos
Edição: Bruno Rodrigues Vieira, Rodrygo Martarelli Cerqueira e Sabrina Nishidomi
Planejamento e controle de produção: Flávio Matuguma (coord.), Felipe Nogueira, Juliana Batista e Anny Lima
Revisão: Kátia Scaff Marques (coord.), Brenda T. M. Morais, Claudia Virgilio, Daniela Lima, Malvina Tomáz e Ricardo Miyake
Arte: André Gomes Vitale (ger.), Catherine Saori Ishihara (coord.), Daniel Hisashi Aoki e Renato Luiz Silva (edição de arte)
Diagramação: ED5
Iconografia e tratamento de imagem: André Gomes Vitale (ger.), Claudia Bertolazzi e Denise Kremer (coord.), Evelyn Torrecilla (pesquisa iconográfica) e Fernanda Crevin (tratamento de imagens)
Licenciamento de conteúdos de terceiros: Roberta Bento (ger.), Jenis Oh (coord.), Liliane Rodrigues, Flávia Zambon e Raísa Maris Reina (analistas de licenciamento)
Ilustrações: ED5
Cartografia: Eric Fuzii (coord.) e Robson Rosendo da Rocha
Design: Erik Taketa (coord.) e Adilson Casarotti (proj. gráfico e capa)
Foto de capa: aslysun/Shutterstock / rusm/Getty Images / Hadrian/ Shutterstock

Avenida Paulista, 901, 6º andar – Bela Vista
São Paulo – SP – CEP 01310-200
http://www.somoseducacao.com.br

2024
Código da obra CL 801853
CAE 721912 (AL) / 721911 (PR)
OP: 247787 (AL)
1ª edição
10ª impressão
De acordo com a BNCC.

Impressão e acabamento: EGB Editora Gráfica Bernardi Ltda.

Uma publicação SOMOS EDUCAÇÃO

Conheça seu Caderno de Atividades

Este caderno foi elaborado especialmente para você, estudante do Ensino Médio, que deseja praticar o que aprendeu durante as aulas e se qualificar para as provas do Enem e de vestibulares.

O material foi estruturado para que você consiga utilizá-lo autonomamente, em seus estudos individuais além do horário escolar, ou sob orientação de seu professor, que poderá lhe sugerir atividades complementares às do livro.

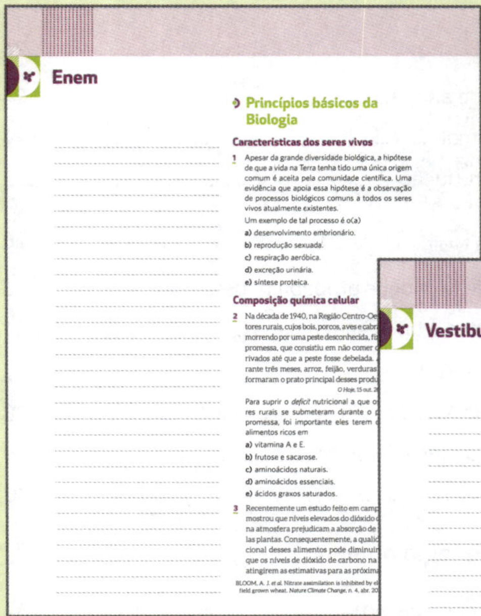

Enem

Aqui você encontra questões selecionadas de diversas edições do Enem organizadas pelos temas estudados ao longo do Ensino Médio.

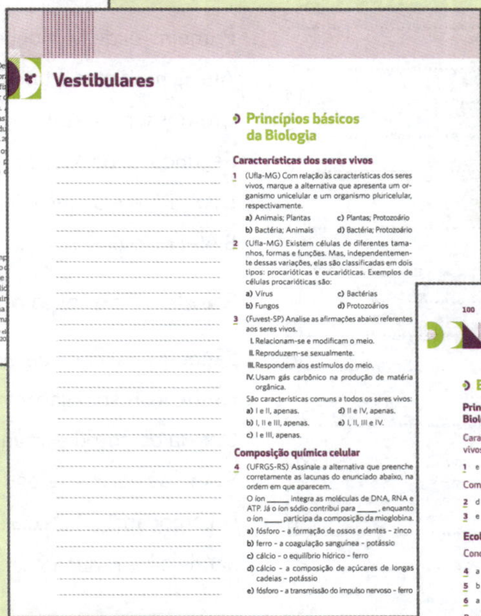

Vestibulares

Testes e questões dissertativas também organizados por temas vão auxiliar você na preparação para os vestibulares e exames das principais instituições do país.

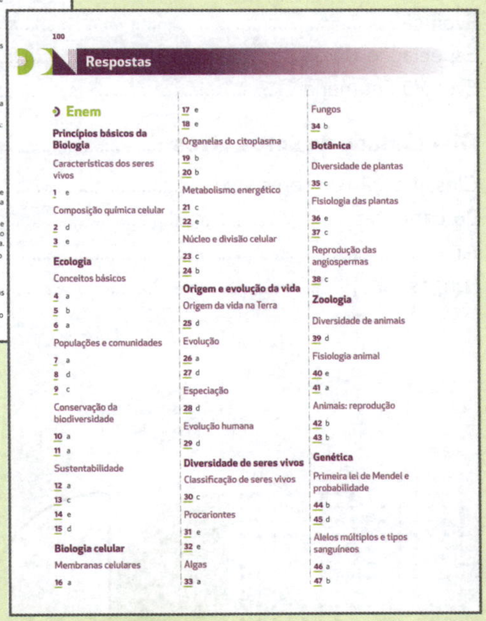

plurall

No Plurall, você encontrará as resoluções em vídeo das questões propostas.

Respostas

Consulte as respostas das atividades no final do material.

Flip!

Gire o seu livro e tenha acesso a atividades complementares especialmente elaboradas para este caderno.

Sumário

Enem

Princípios básicos da Biologia ... 6
Características dos seres vivos ... 6
Composição química celular ... 6

Ecologia ... 7
Conceitos básicos ... 7
Populações e comunidades ... 8
Conservação da biodiversidade ... 10
Sustentabilidade ... 11

Biologia celular ... 13
Membranas celulares ... 13
Organelas do citoplasma ... 14
Metabolismo energético ... 15
Núcleo e divisão celular ... 16

Origem e evolução da vida ... 17
Origem da vida na Terra ... 17
Evolução ... 17
Especiação ... 18
Evolução humana ... 19

Diversidade de seres vivos ... 20
Classificação de seres vivos ... 20
Procariontes ... 21
Algas ... 21
Fungos ... 22

Botânica ... 22
Diversidade de plantas ... 22
Fisiologia das plantas ... 23
Reprodução das angiospermas ... 23

Zoologia ... 24
Diversidade de animais ... 24
Fisiologia animal ... 24
Animais: reprodução ... 25

Genética ... 26
Primeira lei de Mendel e probabilidade ... 26
Alelos múltiplos e tipos sanguíneos ... 27
Cromossomos sexuais ... 27
Segunda lei de Mendel e ligação gênica ... 28
DNA, RNA e síntese de proteínas ... 28
Biotecnologia ... 30

Saúde e fisiologia humana ... 32
Saúde e qualidade de vida ... 32
Nutrição, respiração, circulação e excreção ... 33
Defesa do corpo e imunidade ... 34
Sistemas nervoso e endócrino ... 35
Locomoção ... 35
Saúde e reprodução ... 36

Sumário

Vestibulares

Princípios básicos da Biologia 38

Características dos seres vivos 38
Composição química celular 38

Ecologia 40

Conceitos básicos 40
Populações e comunidades 42
Conservação da biodiversidade 43
Sustentabilidade 46

Biologia celular 49

Tipos celulares 49
Membranas celulares 50
Organelas do citoplasma 52
Metabolismo energético 53
Núcleo e divisão celular 54

Origem e evolução da vida 56

Origem da vida na Terra 56
Evolução 58
Teorias evolucionistas 60
Seleção artificial e especiação 61
Evolução humana 62

Diversidade de seres vivos 63

Classificação de seres vivos 63
Procariontes 65
Protozoários 66
Fungos 68

Botânica 69

Diversidade de plantas 69
Fisiologia das plantas 71
Reprodução das angiospermas 73

Zoologia 75

Diversidade de animais 75
Animais: alimentação e nutrição 77
Animais: circulação, respiração e excreção 77
Animais: reprodução 78

Genética 79

Primeira lei de Mendel e probabilidade 79
Alelos múltiplos e grupos sanguíneos 81
Cromossomos sexuais 82
Segunda lei de Mendel e ligação gênica 84
Interação gênica e pleiotropia 85
DNA, RNA e síntese de proteínas 86
Biotecnologia 87

Saúde e fisiologia humana 89

Saúde e qualidade de vida 89
Nutrição, respiração, circulação e excreção 91
Defesa do corpo e imunidade 93
Sistemas nervoso e endócrino 94
Locomoção 96
Saúde e reprodução 97

Respostas 100

Enem

Princípios básicos da Biologia

Características dos seres vivos

1 Apesar da grande diversidade biológica, a hipótese de que a vida na Terra tenha tido uma única origem comum é aceita pela comunidade científica. Uma evidência que apoia essa hipótese é a observação de processos biológicos comuns a todos os seres vivos atualmente existentes.

Um exemplo de tal processo é o(a)

a) desenvolvimento embrionário.

b) reprodução sexuada.

c) respiração aeróbica.

d) excreção urinária.

e) síntese proteica.

Composição química celular

2 Na década de 1940, na Região Centro-Oeste, produtores rurais, cujos bois, porcos, aves e cabras estavam morrendo por uma peste desconhecida, fizeram uma promessa, que consistiu em não comer carne e derivados até que a peste fosse debelada. Assim, durante três meses, arroz, feijão, verduras e legumes formaram o prato principal desses produtores.

O Hoje, 15 out. 2011 (adaptado).

Para suprir o *deficit* nutricional a que os produtores rurais se submeteram durante o período da promessa, foi importante eles terem consumido alimentos ricos em

a) vitamina A e E.

b) frutose e sacarose.

c) aminoácidos naturais.

d) aminoácidos essenciais.

e) ácidos graxos saturados.

3 Recentemente um estudo feito em campos de trigo mostrou que níveis elevados do dióxido de carbono na atmosfera prejudicam a absorção de nitrato pelas plantas. Consequentemente, a qualidade nutricional desses alimentos pode diminuir à medida que os níveis de dióxido de carbono na atmosfera atingirem as estimativas para as próximas décadas.

BLOOM, A. J. *et al.* Nitrate assimilation is inhibited by elevated CO_2 in field grown wheat. *Nature Climate Change*, n. 4, abr. 2014 (adaptado).

Nesse contexto, a qualidade nutricional do grão de trigo será modificada primeiramente pela redução de

a) amido.
b) frutose.
c) lipídeos.
d) celulose.
e) proteínas.

Ecologia

Conceitos básicos

4 Ao percorrer o trajeto de uma cadeia alimentar, o carbono, elemento essencial e majoritário da matéria orgânica que compõe os indivíduos, ora se encontra em sua forma inorgânica, ora se encontra em sua forma orgânica. Em uma cadeia alimentar composta por fitoplâncton, zooplâncton, moluscos, crustáceos e peixes ocorre a transição desse elemento da forma inorgânica para a orgânica.

Em qual grupo de organismos ocorre essa transição?

a) Fitoplâncton.
b) Zooplâncton.
c) Moluscos.
d) Crustáceos
e) Peixes.

5 Os parasitoides (misto de parasitas e predadores) são insetos diminutos que têm hábitos muito peculiares: suas larvas podem se desenvolver dentro do corpo de outros organismos, como mostra a figura. A forma adulta se alimenta de pólen e açúcares. Em geral, cada parasitoide ataca hospedeiros de determinada espécie e, por isso, esses organismos vêm sendo amplamente usados para o controle biológico de pragas agrícolas.

Ciclo de vida de um inseto parasitoide de lagartas

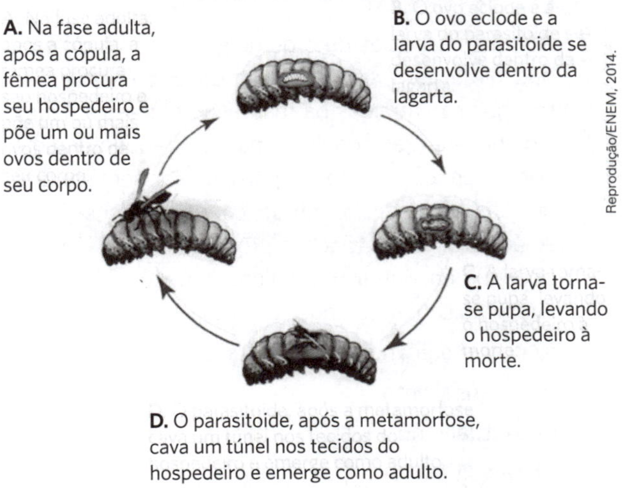

SANTO, M. M. E.; FARIA, M. L. Parasitoides: insetos benéficos e cruéis. *Ciência Hoje*, v. 49, n. 291, abr. 2012 (adaptado).

A forma larval do parasitoide assume qual papel nessa cadeia alimentar?

a) Consumidor primário, pois ataca diretamente uma espécie herbívora.

b) Consumidor secundário, pois se alimenta diretamente dos tecidos da lagarta.

c) Organismo heterótrofo de primeira ordem, pois se alimenta de pólen na fase adulta.

d) Organismo heterótrofo de segunda ordem, pois apresenta o maior nível energético na cadeia.

e) Decompositor, pois se alimenta de tecidos do interior do corpo da lagarta e a leva à morte.

6 Uma grande virada na moderna história da agricultura ocorreu depois da Segunda Guerra Mundial. Após a guerra, os governos haviam se deparado com um enorme excedente de nitrato de amônio, ingrediente usado na fabricação de explosivos. A partir daí as fábricas de munição foram adaptadas para começar a produzir fertilizantes tendo como componente principal os nitratos.

SOUZA, F. A. *Agricultura natural/orgânica como instrumento de fixação biológica e manutenção do nitrogênio no solo*: um modelo sustentável de MDL. Disponível em: www.planetaorganico.com.br. Acesso em: 17 jul. 2015 (adaptado).

No ciclo natural do nitrogênio, o equivalente ao principal componente desses fertilizantes industriais é produzido na etapa de

a) nitratação.

b) nitrosação.

c) amonificação.

d) desnitrificação.

e) fixação biológica do N_2.

Populações e comunidades

7 Algumas espécies de orquídeas apresentam flores que mimetizam vespas fêmeas, de forma que vespas machos são atraídas na tentativa de acasalamento. Ao chegarem às flores, os machos frequentemente entram em contato com o pólen da flor, sem prejuízo de suas atividades. Contudo, como não conseguem se acasalar, esses machos procuram novas fêmeas, podendo encontrar novas flores e polinizá-las. Essa interação ecológica pode ser classificada como

a) comensalismo.

b) amensalismo.

c) mutualismo.

d) parasitismo.

e) simbiose.

8 As cutias, pequenos roedores das zonas tropicais, transportam pela boca as sementes que caem das árvores, mas, em vez de comê-las, enterram-nas em outro lugar. Esse procedimento lhes permite salvar a maioria de suas sementes enterradas para as épocas mais secas, quando não há frutos maduros disponíveis. Cientistas descobriram que as cutias roubam as sementes enterradas por outras, e esse comportamento de "ladroagem" faz com que uma mesma semente possa ser enterrada dezenas de vezes.

Disponível em: http://chc.cienciahoje.uol.com.br. Acesso em: 30 jul. 2012.

Essa "ladroagem" está associada à relação de

a) sinfilia.
b) predatismo.
c) parasitismo.
d) competição.
e) comensalismo.

9 No quadro estão apresentadas informações sobre duas estratégias de sobrevivência que podem ser adotadas por algumas espécies de seres vivos.

	Estratégia 1	Estratégia 2
Habitat	Mais instável e imprevisível	Mais estável e previsível
Potencial biótico	Muito elevado	Baixo
Duração da vida	Curta e com reprodução precoce	Longa e com reprodução tardia
Descendentes	Muitos e com tamanho corporal pequeno	Poucos e com tamanho corporal maior
Tamanho populacional	Variável	Constante

Na recuperação de uma área desmatada deveriam ser reintroduzidas primeiramente as espécies que adotam qual estratégia?

a) Estratégia 1, pois essas espécies produzem descendentes pequenos, o que diminui a competição com outras espécies.
b) Estratégia 2, pois essas espécies têm uma longa duração da vida, o que favorece a produção de muitos descendentes.
c) Estratégia 1, pois essas espécies apresentam um elevado potencial biótico, o que facilita a rápida recolonização da área desmatada.
d) Estratégia 2, pois essas espécies estão adaptadas a *habitat* mais estáveis, o que corresponde ao ambiente de uma área desmatada.
e) Estratégia 2, pois essas espécies apresentam um tamanho populacional constante, o que propicia uma recolonização mais estável da área desmatada.

Conservação da biodiversidade

10 Corredores ecológicos visam mitigar os efeitos da fragmentação dos ecossistemas promovendo a ligação entre diferentes áreas, com o objetivo de proporcionar o deslocamento de animais, a dispersão de sementes e o aumento da cobertura vegetal. São instituídos com base em informações como estudos sobre o deslocamento de espécies, sua área de vida (área necessária para o suprimento de suas necessidades vitais e reprodutivas) e a distribuição de suas populações.

Disponível em: www.mma.gov.br. Acesso em: 30 nov. 2017 (adaptado).

Nessa estratégia, a recuperação da biodiversidade é efetiva porque

a) propicia o fluxo gênico.
b) intensifica o manejo de espécies.
c) amplia o processo de ocupação humana.
d) aumenta o número de indivíduos nas populações.
e) favorece a formação de ilhas de proteção integral.

11

Asa branca

Quando olhei a terra ardendo
Qual fogueira de São João
Eu perguntei a Deus do céu, ai
Por que tamanha judiação

Que braseiro, que fornalha
Nem um pé de plantação
Por falta d'água perdi meu gado
Morreu de sede meu alazão

Até mesmo a asa branca
Bateu asas do sertão
Então eu disse adeus, Rosinha
Guarda contigo meu coração
[...]

GONZAGA, L.; TEIXEIRA, H. Disponível em: www.luizluagonzaga.mus.br. Acesso em: 29 set. 2011 (fragmento).

O bioma brasileiro retratado na canção é caracterizado principalmente por

a) índices pluviométricos baixos.
b) alta taxa de evapotranspiração.
c) temperatura de clima temperado.
d) vegetação predominantemente epífita
e) migração das aves no período reprodutivo.

Sustentabilidade

12 A coleta das fezes dos animais domésticos em sacolas plásticas e o seu descarte em lixeiras convencionais podem criar condições de degradação que geram produtos prejudiciais ao meio ambiente (Figura 1).

Figura 1

A Figura 2 ilustra o Projeto Park Spark, desenvolvido em Cambridge, MA (EUA), em que as fezes dos animais domésticos são recolhidas em sacolas biodegradáveis e jogadas em um biodigestor instalado em parques públicos; e os produtos são utilizados em equipamentos no próprio parque.

Figura 2

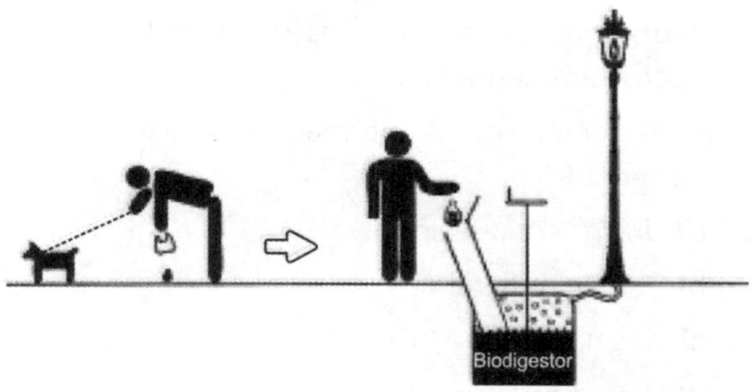

Disponível em: http://parksparkproject.com. Acesso em: 30 ago. 2013 (adaptado).

Uma inovação desse projeto é possibilitar o(a)

a) queima de gás metano.

b) armazenamento de gás carbônico.

c) decomposição aeróbica das fezes.

d) uso mais eficiente de combustíveis fósseis.

e) fixação de carbono em moléculas orgânicas.

13 Os ecossistemas degradados por intensa atividade agrícola apresentam geralmente, diminuição de sua a estabilidade. Nesse contexto, o uso integrado de árvores aos sistemas agrícolas (sistemas agroflorestais) pode cumprir um papel inovador ao buscar a aceleração do processo sucessional e, ao mesmo tempo, uma produção escalonada e diversificada.

Disponível em: saf.cnpgc.embrapa.br. Acesso em 21 jan. 2012 (adaptado).

Essa é uma estratégia de conciliação entre recuperação ambiental e produção agrícola, pois

a) substitui gradativamente as espécies cultiváveis por espécies arbóreas.

b) intensifica a fertilização do solo com o uso de técnicas apropriadas e biocidas.

c) promove maior diversidade de vida no solo como aumento da matéria orgânica.

d) favorece a dispersão das sementes cultivadas pela fauna residente nas áreas florestais.

e) cria condições para o estabelecimento de espécies pioneiras com a diminuição da insolação sobre o solo.

14 Em 2014, iniciou-se em São Paulo uma séria crise hídrica que também afetou o setor energético, agravada pelo aumento do uso de ar-condicionado e ventiladores. Com isso, intensifica-se a discussão sobre a matriz energética adotada nas diversas regiões do país. Sendo assim, há necessidade de se buscarem fontes alternativas de energia renovável que impliquem menores impactos ambientais.

Considerando essas informações, qual fonte poderia ser utilizada?

a) Urânio enriquecido.

b) Carvão mineral.

c) Gás natural.

d) Óleo diesel.

e) Biomassa.

15 Um alimento orgânico deve apresentar em sua embalagem o selo de uma instituição certificadora, garantindo ao consumidor que, além de ser um alimento isento de agrotóxicos, também é produzido com técnicas planejadas e controladas. A técnica de produção desses alimentos causa menor impacto aos recursos naturais, contribuindo para melhorar a qualidade de vida das pessoas.

Nesse sistema de produção de alimentos vegetais, o controle de insetos é manejado por meio do(a)

a) prática de adubação verde.

b) emprego da compostagem.

c) controle da irrigação do solo.

d) utilização de predadores naturais.

e) uso de sementes inoculadas com *Rhizobium*.

Biologia celular

Membranas celulares

16 Visando explicar uma das propriedades da membrana plasmática, fusionou-se uma célula de camundongo com uma célula humana, formando uma célula híbrida. Em seguida, com o intuito de marcar as proteínas de membrana, dois anticorpos foram inseridos no experimento, um específico para as proteínas de membrana do camundongo e outro para as proteínas de membrana humana. Os anticorpos foram visualizados ao microscópio por meio de fluorescência de cores diferentes.

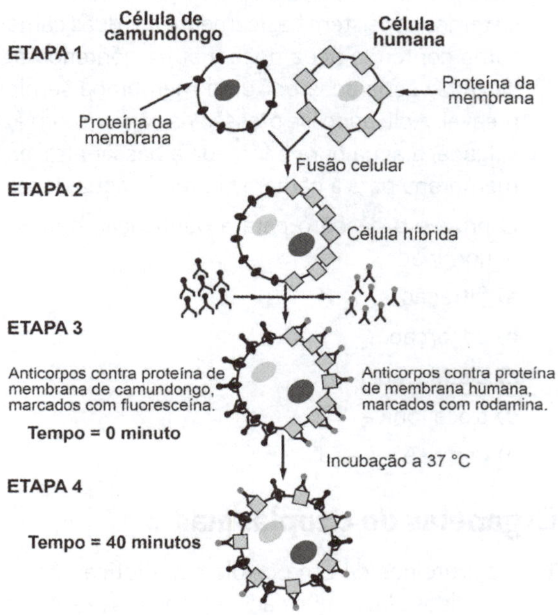

A mudança observada da etapa 3 para a etapa 4 do experimento ocorre porque as proteínas

a) movimentam-se livremente no plano da bicamada lipídica.

b) permanecem confinadas em determinadas regiões da bicamada.

c) auxiliam o deslocamento dos fosfolipídios da membrana plasmática.

d) são mobilizadas em razão da inserção de anticorpos.

e) são bloqueadas pelos anticorpos.

17 Uma das estratégias para conservação de alimentos é o salgamento, adição de cloreto de sódio ($NaC\ell$), historicamente utilizado por tropeiros, vaqueiros e sertanejos para conservar carnes de boi, porco e peixe.

O que ocorre com as células presentes nos alimentos preservados com essa técnica?

a) O sal adicionado diminui a concentração de solutos em seu interior.

b) O sal adicionado desorganiza e destrói suas membranas plasmáticas.

c) A adição de sal altera as propriedades de suas membranas plasmáticas.

d) Os íons Na^+ e $C\ell^-$ provenientes da dissociação do sal entram livremente nelas.

e) A grande concentração de sal no meio extracelular provoca a saída de água de dentro delas.

18 Em regiões desérticas, a obtenção de água potável não pode depender apenas da precipitação. Nesse sentido, portanto, sistemas para dessalinização da água do mar têm sido uma solução. Alguns desses sistemas consistem basicamente em duas câmaras (uma contendo água doce e outra contendo água salgada) separadas por uma membrana semipermeável. Aplicando-se pressão na câmara com água salgada, a água pura é forçada a passar através da membrana para a câmara contendo água doce.

O processo descrito para a purificação da água é denominado

a) filtração.

b) adsorção.

c) destilação.

d) troca iônica.

e) osmose reversa.

Organelas do citoplasma

19 As proteínas de uma célula eucariótica possuem peptídeos sinais, que são sequências de aminoácidos responsáveis pelo seu endereçamento para as diferentes organelas, de acordo com suas funções. Um pesquisador desenvolveu uma nanopartícula capaz de carregar proteínas para dentro de tipos celulares específicos. Agora ele quer saber se uma nanopartícula carregada com uma proteína bloqueadora do ciclo de Krebs *in vitro* é capaz de exercer sua atividade em uma célula cancerosa, podendo cortar o aporte energético e destruir essas células.

Ao escolher essa proteína bloqueadora para carregar as nanopartículas, o pesquisador deve levar em conta um peptídeo sinal de endereçamento para qual organela?

a) Núcleo.

b) Mitocôndria.

c) Peroxissomo.

d) Complexo golgiense.

e) Retículo endoplasmático.

20 A ação de uma nova droga antitumoral sobre o citoesqueleto foi investigada. O pesquisador comparou o efeito da droga na velocidade de deslocamento celular e na integridade de filamentos do córtex celular e de flagelos, conforme apresentado na figura.

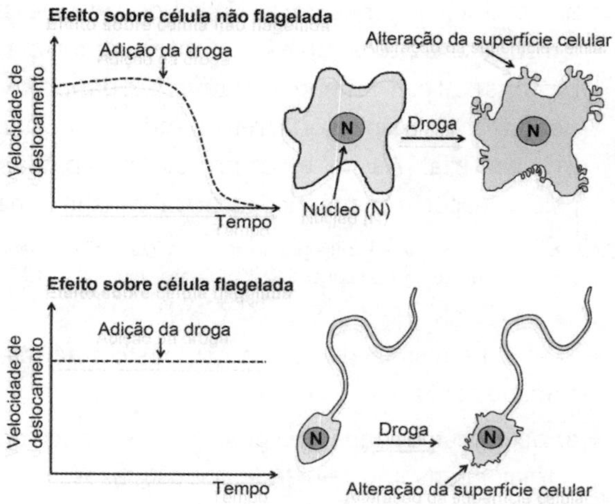

Reprodução/ENEM-PPL, 2019.

O pesquisador concluiu que a droga age sobre os

a) microtúbulos apenas.
b) filamentos de actina apenas.
c) filamentos intermediários apenas.
d) filamentos de actina e microtúbulos.
e) filamentos de actina e filamentos intermediários.

Metabolismo energético

21 A eritropoetina (EPO) é um hormônio endógeno secretado pelos rins que influencia a maturação dos eritrócitos. Suas formas recombinantes, sintetizadas em laboratório, têm sido usadas por alguns atletas em esportes de resistência na busca por melhores resultados. No entanto, a administração da EPO recombinante no esporte foi proibida pelo Comitê Olímpico Internacional e seu uso considerado *doping*.

MARTELLI, A. Eritropoetina: síntese e liberação fisiológica e o uso de sua forma recombinante no esporte. *Perspectivas Online*: biológicas & saúde, v. 10, n. 3, 2013 (adaptado).

Uma influência que esse *doping* poderá exercer na melhoria da capacidade física desses atletas está relacionada ao transporte de

a) lipídios, para aumento do gasto calórico.
b) ATP, para aumento da síntese hormonal.
c) oxigênio, para aumento da produção de ATP.
d) proteínas, para aumento da massa muscular.
e) vitamina C, para aumento da integridade dos vasos sanguíneos.

22 O 2,4-dinitrofenol (DNP) é conhecido como desacoplador da cadeia de elétrons na mitocôndria e apresenta um efeito emagrecedor. Contudo, por ser perigoso e pela ocorrência de casos letais, seu uso como medicamento é proibido em diversos países, inclusive no Brasil. Na mitocôndria, essa substância captura, no espaço intermembranas, prótons (H^+) provenientes da atividade das proteínas da cadeia respiratória, retornando-os à matriz mitocondrial. Assim, esses prótons não passam pelo transporte enzimático na membrana interna.

GRUNDLINGH, J. *et al.* 2,4-Dinitrophenol (DNP): a Weight Loss Agent with Significant Acute Toxicity and Risk of Death. *Journal of Medical Toxicology*, v. 7, 2011 (adaptado).

O efeito emagrecedor desse composto está relacionado ao(à)

a) obstrução da cadeia respiratória, resultando em maior consumo celular de ácidos graxos.

b) bloqueio das reações do ciclo de Krebs, resultando em maior gasto celular de energia.

c) diminuição da produção de acetil CoA, resultando em maior gasto celular de piruvato.

d) inibição da glicólise, resultando em maior absorção celular da glicose sanguínea.

e) redução da produção de ATP, resultando em maior gasto celular de nutrientes.

Núcleo e divisão celular

23 O Brasil possui um grande número de espécies distintas entre animais, vegetais e microrganismos envoltos em uma imensa complexidade e distribuídas em uma grande variedade de ecossistemas.

SANDES, A. R. R.; BLASI, G. *Biodiversidade e diversidade química e genética*. Disponível em: http://novastecnologias.com.br. Acesso em: 22 set. 2015 (adaptado).

O incremento da variabilidade ocorre em razão da permuta genética, a qual propicia a troca de segmentos entre cromátides não irmãs na meiose.

Essa troca de segmentos é determinante na

a) produção de indivíduos mais férteis.

b) transmissão de novas características adquiridas.

c) recombinação genética na formação dos gametas.

d) ocorrência de mutações somáticas nos descendentes.

e) variação do número de cromossomos característico da espécie.

24 A sequência abaixo indica de maneira simplificada os passos seguidos por um grupo de cientistas para a clonagem de uma vaca:

I. Retirou-se um óvulo da vaca **Z**. O núcleo foi desprezado, obtendo-se um óvulo anucleado.

II. Retirou-se uma célula da glândula mamária da vaca **W**. O núcleo foi isolado e conservado, desprezando-se o restante da célula.

III. O núcleo da célula da glândula mamária foi introduzido no óvulo anucleado. A célula reconstituída foi estimulada para entrar em divisão.

IV. Após algumas divisões, o embrião foi implantado no útero de uma terceira vaca, **Y**, mãe de aluguel. O embrião se desenvolveu e deu origem ao clone.

Considerando que os animais **Z**, **W** e **Y** não têm parentesco, pode-se afirmar que o animal resultante da clonagem tem as características genéticas da(s) vaca(s):

a) **Z**, apenas.
b) **W**, apenas.
c) **Y**, apenas.
d) **Z** e **W**, apenas.
e) **Z**, **W** e **Y**.

Origem e evolução da vida

Origem da vida na Terra

25 Segundo a teoria evolutiva mais aceita hoje, as mitocôndrias, organelas celulares responsáveis pela produção de ATP em células eucariotas, assim como os cloroplastos, teriam sido originadas de procariontes ancestrais que foram incorporados por células mais complexas.

Uma característica da mitocôndria que sustenta essa teoria é a

a) capacidade de produzir moléculas de ATP.
b) presença de parede celular semelhante à de procariontes.
c) presença de membranas envolvendo e separando a matriz mitocondrial do citoplasma.
d) capacidade de autoduplicação dada por DNA circular próprio semelhante ao bacteriano.
e) presença de um sistema enzimático eficiente às reações químicas do metabolismo aeróbio.

Evolução

26 Embora seja um conceito fundamental para a biologia, o termo "evolução" pode adquirir significados diferentes no senso comum. A ideia de que a espécie humana é o ápice do processo evolutivo é amplamente difundida, mas não é compartilhada por muitos cientistas. Para esses cientistas, a compreensão do processo citado baseia-se na ideia de que os seres vivos, ao longo do tempo, passam por

a) modificação de características.
b) incremento no tamanho corporal.
c) complexificação de seus sistemas
d) melhoria de processos e estruturas.
e) especialização para uma determinada finalidade.

27 Atualmente, o medicamento de escolha para o tratamento da esquistossomose causada por todas as espécies do verme é o praquizentel (PQZ). Apesar de ser eficaz e seguro, seu uso em larga escala e tratamentos repetitivos em áreas endêmicas têm provocado a seleção de linhagens resistentes.

Lage, R. C. G. Disponível em: www.repositorio.ufop.br. Acesso em: 17 dez. 2012 (adaptado).

Qual é o mecanismo de seleção dos vermes resistentes citados?

a) Os vermes tornam-se resistentes ao entrarem em contato com o medicamento quando invadem muitos hospedeiros.
b) Os vermes resistentes absorvem o medicamento, passando-o para seus descendentes, que também se tornam resistentes.
c) Os vermes resistentes transmitem resistência ao medicamento quando entram em contato com outros vermes dentro do hospedeiro.
d) Os vermes resistentes tendem a sobreviver e produzir mais descendentes do que os vermes sobre os quais o medicamento faz efeito.
e) Os vermes resistentes ao medicamento tendem a eliminar os vermes que não são resistentes, fazendo com que apenas os mais fortes sobrevivam.

Especiação

28 O processo de formação de novas espécies é lento e repleto de nuances e estágios intermediários, havendo uma diminuição da viabilidade entre cruzamentos. Assim, plantas originalmente de uma mesma espécie que não cruzam mais entre si podem ser consideradas como uma espécie se diferenciando. Um pesquisador realizou cruzamentos entre nove populações — denominadas de acordo com a localização onde são encontradas — de uma espécie de orquídea (*Epidendrum denticulatum*). No diagrama estão os resultados dos cruzamentos entre as populações. Considere que o doador fornece o pólen para o receptor.

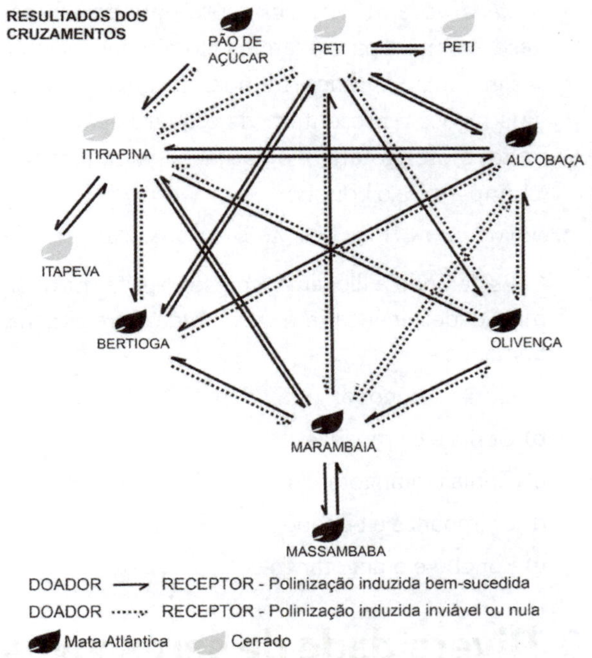

FIORAVANTI, C. Os primeiros passos de novas espécies: plantas e animais se diferenciam por meio de mecanismos surpreendentes. *Pesquisa Fapesp*, out. 2013 (adaptado).

Em populações de quais localidades se observa um processo de especiação evidente?

a) Bertioga e Marambaia; Alcobaça e Olivença.

b) Itirapina e Itapeva; Marambaia e Massambaba.

c) Itirapina e Marambaia; Alcobaça e Itirapina.

d) Itirapina e Peti; Alcobaça e Marambaia.

e) Itirapina e Olivença; Marambaia e Peti.

Evolução humana

29

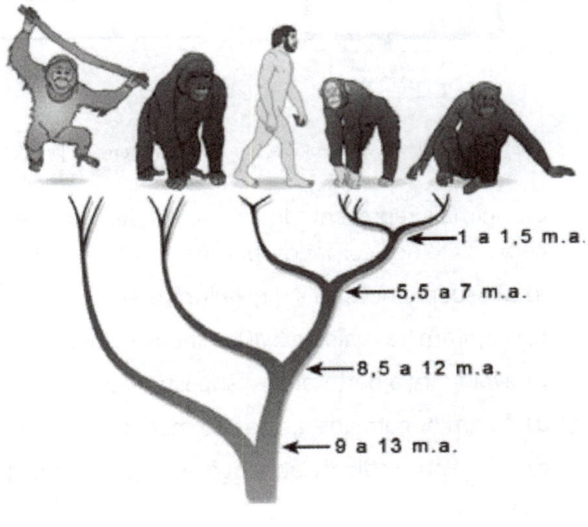

A árvore filogenética representa uma hipótese evolutiva para a família Hominidae, na qual a sigla "m.a." significa "milhões de anos atrás". As ilustrações representam, da esquerda para a direita, o orangotango, o gorila, o ser humano, o chimpanzé e o bonobo.

Disponível em: www.nature.com. Acesso em: 6 dez. 2012 (adaptado).

Considerando a filogenia representada, a maior similaridade genética será encontrada entre os seres humanos e:

a) Gorila e bonobo.

b) Gorila e chimpanzé.

c) Gorila e orangotango.

d) Chimpanzé e bonobo.

e) Bonobo e orangotango.

Diversidade de seres vivos

Classificação de seres vivos

30 A classificação dos seres vivos permite a compreensão das relações evolutivas entre eles. O esquema representa a história evolutiva de um grupo.

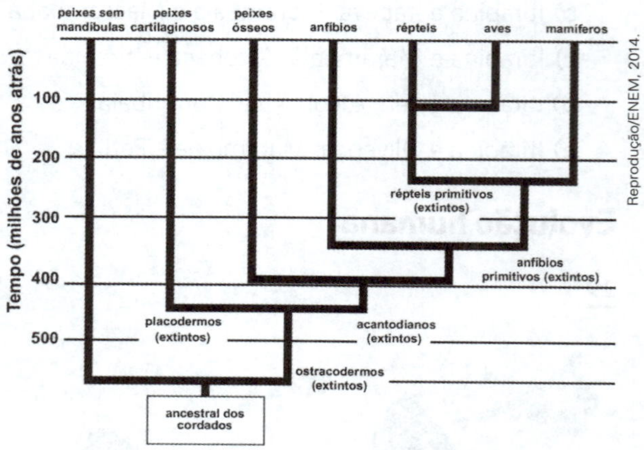

Disponível em: www.sobiologia.com.br. Acesso em: 22 jan. 2012 (adaptado).

Os animais representados nesse esquema pertencem ao filo dos cordados, porque

a) possuem ancestrais que já foram extintos.

b) surgiram há mais de 500 milhões de anos.

c) evoluíram a partir de um ancestral comum.

d) deram origem aos grupos de mamíferos atuais.

e) vivem no ambiente aquático em alguma fase da vida.

Procariontes

31 Suponha que uma doença desconhecida esteja dizimando um rebanho bovino de uma cidade e alguns veterinários tenham conseguido isolar o agente causador da doença, verificando que se trata de um ser unicelular e procarionte.

Para combater a doença, os veterinários devem administrar, nos bovinos contaminados,

a) vacinas.

b) antivirais.

c) fungicidas.

d) vermífugos.

e) antibióticos.

32 Os medicamentos são rotineiramente utilizados pelo ser humano com o intuito de diminuir ou, por muitas vezes, curar possíveis transtornos de saúde. Os antibióticos são grupos de fármacos inseridos no tratamento de doenças causadas por bactérias.

Na terapêutica das doenças mencionadas, alguns desses fármacos atuam

a) ativando o sistema imunológico do hospedeiro.

b) interferindo na cascata bioquímica da inflamação.

c) removendo as toxinas sintetizadas pelas bactérias.

d) combatendo as células hospedeiras das bactérias.

e) danificando estruturas específicas da célula bacteriana.

Algas

33 Uma indústria está escolhendo uma linhagem de microalgas que otimize a secreção de polímeros comestíveis, os quais são obtidos do meio de cultura de crescimento. Na figura podem ser observadas as proporções de algumas organelas presentes no citoplasma de cada linhagem.

Perfil celular das linhagens de microalgas

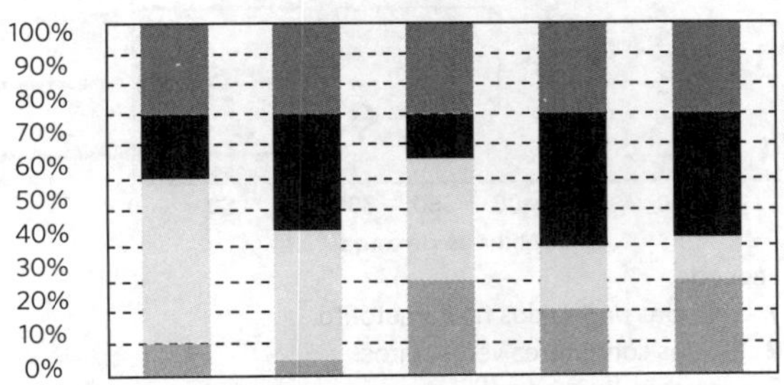

Reprodução/ENEM, 2013.

	Linhagem I	Linhagem II	Linhagem III	Linhagem IV	Linhagem V
Núcleo	20	20	20	20	20
Retículo endoplasmático	20	35	15	40	35
Complexo golgiense	50	40	35	20	15
Mitocôndrias	10	5	30	20	30

Qual é a melhor linhagem para se conseguir maior rendimento de polímeros secretados no meio de cultura?

a) I
b) II
c) III
d) IV
e) V

Fungos

34 A estratégia de obtenção de plantas transgênicas pela inserção de transgenes em cloroplastos, em substituição à metodologia clássica de inserção do transgene no núcleo da célula hospedeira, resultou no aumento quantitativo da produção de proteínas recombinantes com diversas finalidades biotecnológicas. O mesmo tipo de estratégia poderia ser utilizada para produzir proteínas recombinantes em células de organismos eucarióticos não fotossintetizantes, como as leveduras, que são usadas para produção comercial de várias proteínas recombinantes e que podem ser cultivadas em grandes fermentadores.

Considerando a estratégia metodológica descrita, qual organela celular poderia ser utilizada para inserção de transgenes em leveduras?

a) Lisossomo.
b) Mitocôndria.
c) Peroxissomo.
d) Complexo golgiense.
e) Retículo endoplasmático.

Botânica

Diversidade de plantas

35 Durante sua evolução, as plantas apresentaram grande diversidade de características, as quais permitiram sua sobrevivência em diferentes ambientes. Na imagem, cinco dessas características estão indicadas por números.

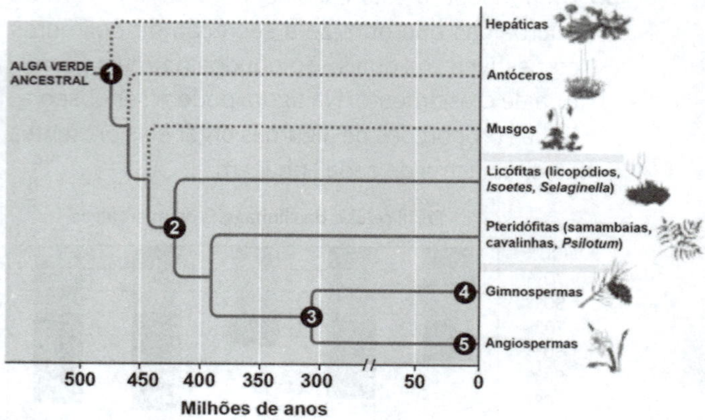

Legenda:
1 Embriões protegidos no gametófito.
2 Tecidos condutores verdadeiros.
3 Formação de tubo polínico.
4 Polinização pelo vento.
5 Produção de frutos.

CAMPBELL, N. *et al. Biologia*. São Paulo: Artmed, 2010 (adaptado).

A aquisição evolutiva que permitiu a conquista definitiva do ambiente terrestre pelas plantas está indicada pelo número

a) 1.
b) 2.
c) 3.
d) 4.
e) 5.

Fisiologia das plantas

36 Dentre outras características, uma determinada vegetação apresenta folhas durante três a quatro meses ao ano, com limbo reduzido, mecanismo rápido de abertura e fechamento dos estômatos e caule suculento. Essas são algumas características adaptativas das plantas ao bioma onde se encontram.

Que fator ambiental é o responsável pela ocorrência dessas características adaptativas?

a) Escassez de nutrientes no solo.
b) Estratificação da vegetação.
c) Elevada insolação.
d) Baixo pH do solo.
e) Escassez de água.

37 O mangue é composto por três tipos de árvores (*Rhizophora mangle* – mangue-bravo ou vermelho, *Avicennia schaueriana* – mangue-seriba, e *Laguncularia racemosa* – mangue-branco). Uma característica morfológica comum aos três tipos de árvores encontradas no mangue está relacionada à pouca disponibilidade de oxigênio encontrado em seu solo.

ALVES, J. R. P. (Org.). *Manguezais*: educar para proteger. Rio de Janeiro: Femar; Semads, 2001 (adaptado).

A característica morfológica de valor adaptativo referenciada no texto é a

a) ausência de frutos.
b) ausência de estômatos.
c) presença de folhas largas.
d) presença de raízes-escoras.
e) presença de pneumatóforos.

Reprodução das angiospermas

38 O cruzamento de duas espécies da família das Anonáceas, a cherimoia (*Annona cherimoia*) com a fruta-pinha (*Annona squamosa*), resultou em uma planta híbrida denominada de atemoia. Recomenda-se que o seu plantio seja por meio de enxertia.

Um dos benefícios dessa forma de plantio é a

a) ampliação da variabilidade genética.
b) produção de frutos das duas espécies.
c) manutenção do genótipo da planta híbrida.
d) reprodução de clones das plantas parentais.
e) modificação do genoma decorrente da transgenia.

Zoologia

Diversidade de animais

39 Os anfíbios representam o primeiro grupo de vertebrados que, evolutivamente, conquistou o ambiente terrestre. Apesar disso, a sobrevivência do grupo ainda permanece restrita a ambientes úmidos ou aquáticos, devido à manutenção de algumas características fisiológicas relacionadas à água.

Uma das características a que o texto se refere é a

a) reprodução por viviparidade.

b) respiração pulmonar nos adultos.

c) regulação térmica por endotermia.

d) cobertura corporal delgada e altamente permeável.

e) locomoção por membros anteriores e posteriores desenvolvidos.

Fisiologia animal

40 Os botos-cinza (*Sotalia guianensis*), mamíferos da família dos golfinhos, são excelentes indicadores da poluição das áreas em que vivem, pois passam toda a sua vida — cerca de 30 anos — na mesma região. Além disso, a espécie acumula mais contaminantes em seu organismo, como o mercúrio, do que outros animais da sua cadeia alimentar.

MARCOLINO, B. *Sentinelas do mar*. Disponível em: http://cienciahoje.uol.com.br. Acesso em: 1º ago. 2012 (adaptado).

Os botos-cinza acumulam maior concentração dessas substâncias porque

a) são animais herbívoros.

b) são animais detritívoros.

c) são animais de grande porte.

d) digerem o alimento lentamente.

e) estão no topo da cadeia alimentar.

41 Recentemente um grupo de biólogos descobriu um animal que vive em uma região extremamente árida no território brasileiro. Fizeram a coleta do sangue e da urina desse animal e observaram que sua urina apresenta uma concentração hipertônica em relação ao sangue.

Que adaptação desse animal lhe permite viver na região citada?

a) Diminuição da transpiração.

b) Eliminação de fezes hidratadas.

c) Predominância de hábitos diurnos.

d) Eliminação de muita água na urina.

e) Excreção de amônia como produto nitrogenado.

Animais: reprodução

42 Em uma área observa-se o seguinte regime pluviométrico:

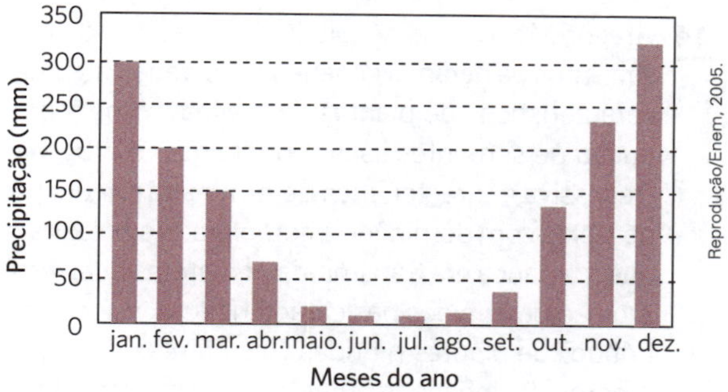

Os anfíbios são seres que podem ocupar tanto ambientes aquáticos quanto terrestres. Entretanto, há espécies de anfíbios que passam todo o tempo na terra ou então na água. Apesar disso, a maioria das espécies terrestres depende de água para se reproduzir e o faz quando essa existe em abundância. Os meses do ano em que, nessa área, esses anfíbios terrestres poderiam se reproduzir mais eficientemente são de:

a) setembro a dezembro
b) novembro a fevereiro.
c) janeiro a abril.
d) março a julho.
e) maio a agosto.

43 As fêmeas de algumas espécies de aranhas, escorpiões e de outros invertebrados predam os machos após a cópula e inseminação. Como exemplo, fêmeas canibais do inseto conhecido como louva-a-deus, *Tenodera aridofolia*, possuem até 63% da sua dieta composta por machos parceiros. Para as fêmeas, o canibalismo sexual pode assegurar a obtenção de nutrientes importantes na reprodução. Com esse incremento na dieta, elas geralmente produzem maior quantidade de ovos.

BORGES, J. C. *Jogo mortal*. Disponível em: http://cienciahoje.uol.com.br. Acesso em: 1º mar. 2012 (adaptado).

Apesar de ser um comportamento aparentemente desvantajoso para os machos, o canibalismo sexual evoluiu nesses táxons animais porque

a) promove a maior ocupação de diferentes nichos ecológicos pela espécie.
b) favorece o sucesso reprodutivo individual de ambos os parentais.
c) impossibilita a transmissão de genes do macho para a prole.
d) impede a sobrevivência e reprodução futura do macho.
e) reduz a variabilidade genética da população.

Genética

Primeira lei de Mendel e probabilidade

44 Gregor Mendel, no século XIX, investigou os mecanismos da herança genética observando algumas características de plantas de ervilha, como a produção de sementes lisas (dominante) ou rugosas (recessiva), característica determinada por um par de alelos com dominância completa. Ele acreditava que a herança era transmitida por fatores que, mesmo não percebidos nas características visíveis (fenótipo) de plantas híbridas (resultantes de cruzamentos de linhagens puras), estariam presentes e se manifestariam em gerações futuras.

A autofecundação que fornece dados para corroborar a ideia da transmissão dos fatores idealizada por Mendel ocorre entre plantas

a) híbridas, de fenótipo dominante, que produzem apenas sementes lisas.

b) híbridas, de fenótipo dominante, que produzem sementes lisas e rugosas.

c) de linhagem pura, de fenótipo dominante, que produzem apenas sementes lisas.

d) de linhagem pura, de fenótipo recessivo, que produzem sementes lisas e rugosas.

e) de linhagem pura, de fenótipo recessivo, que produzem apenas sementes rugosas.

45 O heredograma mostra a incidência de uma anomalia genética em um grupo familiar.

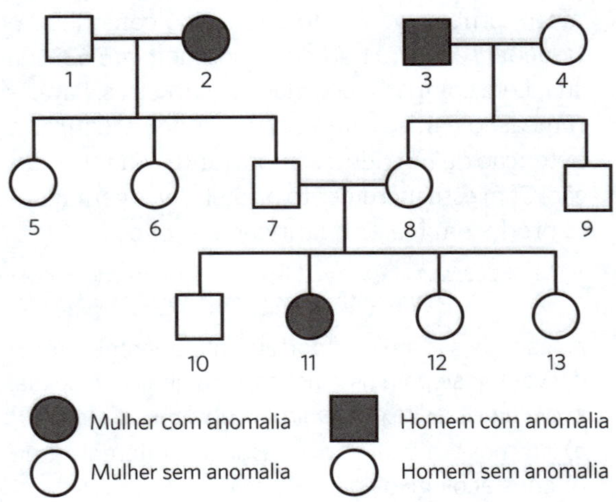

O indivíduo representado pelo número 10, preocupado em transmitir o alelo para a anomalia genética a seus filhos, calcula que a probabilidade de ele ser portador desse alelo é de

a) 0%.

b) 25%.

c) 50%.

d) 67%.

e) 75%.

Alelos múltiplos e tipos sanguíneos

46 Um jovem suspeita que não é filho biológico de seus pais, pois descobriu que o seu tipo sanguíneo é **O Rh negativo**, o de sua mãe é **B Rh positivo** e de seu pai é **A Rh positivo**. A condição genotípica que possibilita que ele seja realmente filho biológico de seus pais é que

a) o pai e a mãe sejam heterozigotos para o sistema sanguíneo ABO e para o fator Rh.

b) o pai e a mãe sejam heterozigotos para o sistema sanguíneo ABO e homozigotos para o fator Rh.

c) o pai seja homozigoto para as duas características e a mãe heterozigota para as duas características.

d) o pai seja homozigoto para as duas características e a mãe heterozigota para o sistema ABO e homozigota para o fator Rh.

e) o pai seja homozigoto para o sistema ABO e heterozigoto para o fator Rh e a mãe homozigota para as duas características.

47 Uma mulher deu à luz o seu primeiro filho e, após o parto, os médicos testaram o sangue da criança para a determinação de seu grupo sanguíneo. O sangue da criança era do tipo $\mathbf{O^+}$. Imediatamente, a equipe médica aplicou na mãe uma solução contendo anticorpos anti-Rh, uma vez que ela tinha o tipo sanguíneo $\mathbf{O^-}$.

Qual é a função dessa solução de anticorpos?

a) Modificar o fator Rh do próximo filho.

b) Destruir as células sanguíneas do bebê.

c) Formar uma memória imunológica na mãe.

d) Neutralizar os anticorpos produzidos pela mãe.

e) Promover a alteração do tipo sanguíneo materno.

Cromossomos sexuais

48 A distrofia muscular Duchenne (DMD) é uma doença causada por uma mutação em um gene localizado no cromossomo **X**. Pesquisadores estudaram uma família na qual gêmeas monozigóticas eram portadoras de um alelo mutante recessivo para esse gene (heterozigóticas). O interessante é que uma das gêmeas apresentava o fenótipo relacionado ao alelo mutante, isto é, DMD, enquanto a sua irmã apresentava fenótipo normal.

RICHARDS, C. S. *et al. The American Journal of Human Genetics*, n. 4, 1990 (adaptado).

A diferença na manifestação da DMD entre as gêmeas pode ser explicada pela

a) dominância incompleta do alelo mutante em relação ao alelo normal.

b) falha na separação dos cromossomos **X** no momento da separação dos dois embriões.

c) recombinação cromossômica em uma divisão celular embrionária anterior à separação dos dois embriões.

d) inativação aleatória de um dos cromossomos **X** em fase posterior à divisão que resulta nos dois embriões.

e) origem paterna do cromossomo portador do alelo mutante em uma das gêmeas e origem materna na outra.

Segunda lei de Mendel e ligação gênica

49 Com base nos experimentos de plantas de Mendel, foram estabelecidos três princípios básicos, que são conhecidos como leis da uniformidade, segregação e distribuição independente. A lei da distribuição independente refere-se ao fato de que os membros de pares diferentes de genes segregam-se independentemente, uns dos outros, para a prole.

TURNPENNY, P. D. *Genética médica*. Rio de Janeiro: Elsevier, 2009 (adaptado).

Hoje, sabe-se que isso nem sempre é verdade. Por quê?

a) A distribuição depende do caráter de dominância ou recessividade do gene.

b) Os organismos nem sempre herdam cada um dos genes de cada um dos genitores.

c) As alterações cromossômicas podem levar a falhas na segregação durante a meiose.

d) Os genes localizados fisicamente próximos no mesmo cromossomo tendem a ser herdados juntos.

e) O cromossomo que contém dois determinados genes pode não sofrer a disjunção na primeira fase da meiose.

DNA, RNA e síntese de proteínas

50 Um estudante relatou que o mapeamento do DNA da cevada foi quase todo concluído e seu código genético desvendado. Chamou atenção para o número de genes que compõem esse código genético e que a semente da cevada, apesar de pequena, possui um genoma mais complexo que o humano, sendo boa parte desse código constituída de sequências repetidas. Nesse contexto, o conceito de código genético está abordado de forma equivocada.

Cientificamente esse conceito é definido como

a) trincas de nucleotídeos que codificam os aminoácidos.

b) localização de todos os genes encontrados em um genoma.

c) codificação de sequências repetidas presentes em um genoma.

d) conjunto de todos os RNAs mensageiros transcritos em um organismo.

e) todas as sequências de pares de bases presentes em um organismo.

51 A reação em cadeia da polimerase (PCR, na sigla em inglês) é uma técnica de biologia molecular que permite replicação *in vitro* do DNA de forma rápida. Essa técnica surgiu na década de 1980 e permitiu avanços científicos em todas as áreas de investigação genômica. A dupla hélice é estabilizada por ligações hidrogênio, duas entre as bases adenina (**A**) e timina (**T**) e três entre as bases guanina (**G**) e citosina (**C**). Inicialmente, para que o DNA possa ser replicado, a dupla hélice precisa ser totalmente desnaturada (desenrolada) pelo aumento da temperatura, quando são desfeitas as ligações hidrogênio entre as diferentes bases nitrogenadas.

Qual dos segmentos de DNA será o primeiro a desnaturar totalmente durante o aumento da temperatura na reação de PCR?

a) G G C C T T C G
C C G G A A G C

b) C C T C G A C T
G G A G C T G A

c) A A T T C C T A
T T A A G G A T

d) T T A C G G C G
A A T G C C G C

e) C C T A G G A A
G G A T C C T T

52 O nível metabólico de uma célula pode ser determinado pela taxa de síntese de RNAs e proteínas, processos dependentes de energia. Essa diferença na taxa de síntese de biomoléculas é refletida na abundância e características morfológicas dos componentes celulares. Em uma empresa de produção de hormônios proteicos a partir do cultivo de células animais, um pesquisador deseja selecionar uma linhagem com o metabolismo de síntese mais elevado, dentre as cinco esquematizadas na figura.

Legenda:

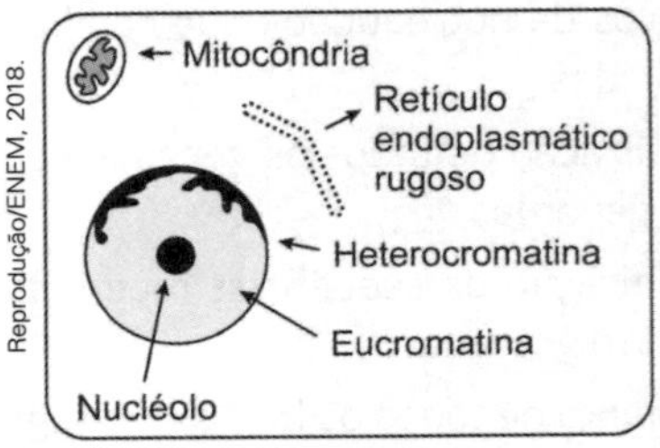

Reprodução/ENEM, 2018.

Linhagens:

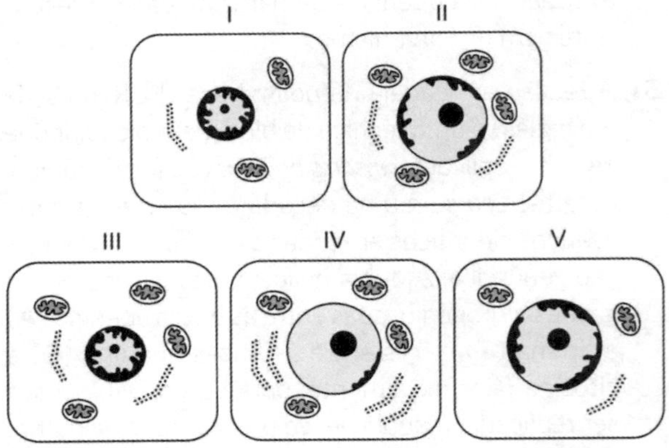

Qual linhagem deve ser escolhida pelo pesquisador?

a) I
b) II
c) III
d) IV
e) V

Biotecnologia

53 Um herbicida de largo espectro foi desenvolvido para utilização em lavouras. Esse herbicida atua inibindo a atividade de uma enzima dos vegetais envolvida na biossíntese de aminoácidos essenciais. Atualmente ele é bastante utilizado em plantações de soja, podendo inclusive inibir a germinação ou o crescimento das plantas cultivadas.

De que forma é desenvolvida a resistência da soja ao herbicida?

a) Expondo frequentemente uma espécie de soja a altas concentrações do herbicida, levando ao desenvolvimento de resistência.
b) Cultivando a soja com elevadas concentrações de aminoácidos, induzindo a formação de moléculas relacionadas à resistência.
c) Empregando raios X para estimular mutações em uma variedade de soja, produzindo a enzima-alvo resistente ao herbicida.
d) Introduzindo na soja um gene específico de outra espécie, possibilitando a produção da enzima de resistência ao herbicida.
e) Administrando a enzima-alvo nos fertilizantes utilizados na lavoura, promovendo sua absorção pela espécie cultivada.

54 Considere, em um fragmento ambiental, uma árvore matriz com frutos (M) e outras cinco que produziram flores e são apenas doadoras de pólen (DP1, DP2, DP3, DP4 e DP5). Foi excluída a capacidade de autopolinização das árvores. Os genótipos da matriz, da semente (S1) e das prováveis fontes de pólen foram obtidos pela análise de dois locos (loco A e loco B) de marcadores de DNA, conforme a figura.

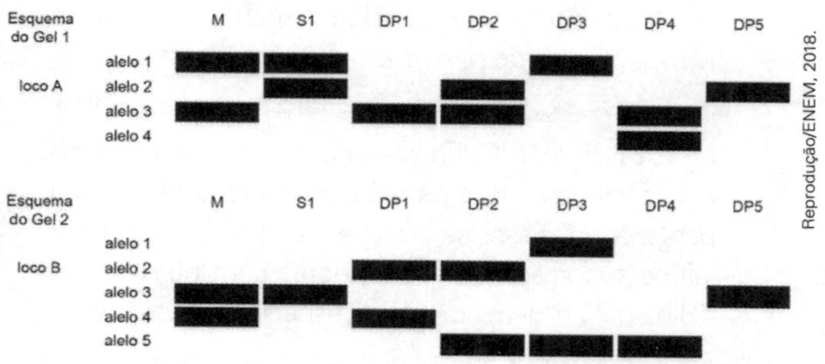

COLLEVATI, R. G.; TELLES, M. P.; SOARES, T. N. Dispersão do pólen entre pequizeiros: uma atividade para a genética do ensino superior. *Genética na Escola*, n. 1, 2013 (adaptado).

A progênie S1 recebeu o pólen de qual doadora?

a) DP1
b) DP2
c) DP3
d) DP4
e) DP5

55

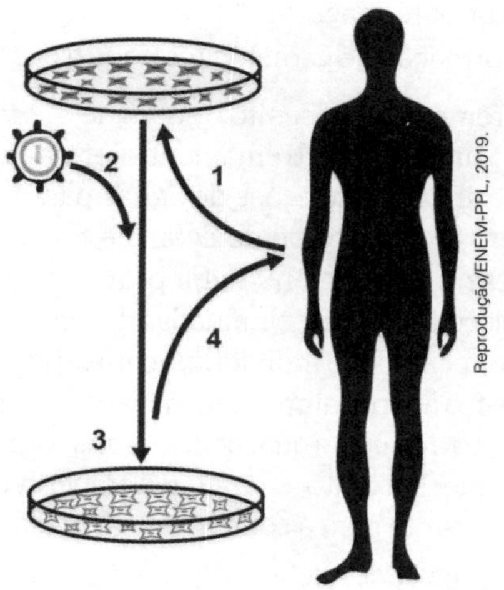

1. Coleta e cultivo *in vitro* das células do paciente;
2. Transdução com vetor carregando o gene terapêutico;
3. Seleção e expansão das células com gene terapêutico;
4. Reintrodução das células modificadas no paciente.

Disponível em: www.repositorio.uniceub.br. Acesso em: 3 maio 2019 (adaptado).

A sequência de etapas indicadas na figura representa o processo conhecido como

a) mutação.
b) clonagem.
c) *crossing-over*.
d) terapia gênica.
e) transformação genética.

Saúde e fisiologia humana

Saúde e qualidade de vida

56 A sombra do cedro vem se encostar no cocho. Primo Ribeiro levantou os ombros; começa a tremer. Com muito atraso. Mas ele tem no baço duas colmeias de bichinhos maldosos, que não se misturam, soltando enxames no sangue em dias alternados. E assim nunca precisa de passar um dia sem tremer.

ROSA, J. G. *Sagarana*. Rio de Janeiro: Nova Fronteira, 1984.

O texto de João Guimarães Rosa descreve as manifestações das crises paroxísticas da malária em seu personagem. Essas se caracterizam por febre alta, calafrios, sudorese intensa e tremores, com intervalos de 48 h ou 72 h, dependendo da espécie de *Plasmodium*.

Essas crises periódicas ocorrem em razão da

a) lise das hemácias, liberando merozoítos e substâncias denominadas hemozoínas.

b) invasão das hemácias por merozoítos com maturação até a forma esquizonte.

c) reprodução assexuada dos esporozoítos no fígado do indivíduo infectado.

d) liberação de merozoítos dos hepatócitos para a corrente sanguínea.

e) formação de gametócitos dentro das hemácias.

57 As fêmeas do mosquito da dengue, *Aedes aegypti*, têm um olfato extremamente refinado. Além de identificar as coleções de águas para oviposição, elas são capazes de detectar de forma precisa e eficaz a presença humana pela interpretação de moléculas de odor eliminadas durante a sudorese. Após perceber o indivíduo, voam rapidamente em direção à fonte alimentar, iniciando o repasto sanguíneo durante o qual podem transmitir o vírus da dengue. Portanto, o olfato desempenha um papel importante para a sobrevivência dessa espécie.

GUIDOBALDI, F.; MAY-CONCHA, I. J.; GUERENSTEIN, P. G. Morphology and Physiology of the Olfactory System of Blood-Feeding Insects. *Journal of Physiology-Paris*, n. 2-3, abr.-jun. 2014 (adaptado).

Medidas que interferem na localização do hospedeiro pelo vetor por meio dessa modalidade sensorial incluem a

a) colocação de telas nas janelas.

b) eliminação de locais de oviposição.

c) instalação de borrifadores de água em locais abertos.

d) conscientização para a necessidade de banhos diários.

e) utilização de cremes ou pomadas com princípios ativos.

58 A esquistossomose (barriga-d'água) caracteriza-se pela inflamação do fígado e do baço causada pelo verme *Schistosoma mansoni* (esquistossomo). O contágio ocorre depois que larvas do verme são liberadas na água pelo caramujo do gênero *Biomphalaria*, seu hospedeiro intermediário, e penetram na pele humana. Após o diagnóstico, o tratamento tradicional utiliza medicamentos por via oral para matar o parasita dentro do corpo. Uma nova estratégia terapêutica baseia-se na utilização de uma vacina, feita a partir de uma proteína extraída do verme, que induz o organismo humano a produzir anticorpos para combater e prevenir a doença.

Instituto Oswaldo Cruz/Fundação Oswaldo Cruz (IOC/Fiocruz). *Fiocruz anuncia nova fase de vacina para esquistossomose.* Disponível em: http://agencia.fiocruz.br. Acesso em: 3 maio 2019 (adaptado).

Uma vantagem da vacina em relação ao tratamento tradicional é que ela poderá

a) impedir a penetração do parasita pela pele.
b) eliminar o caramujo para que não haja contágio.
c) impedir o acesso do esquistossomo especificamente para o fígado.
d) eliminar o esquistossomo antes que ocorra contato com o organismo.
e) eliminar o esquistossomo dentro do organismo antes da manifestação de sintomas.

Nutrição, respiração, circulação e excreção

59 A formação de coágulos sanguíneos em veias e artérias é um dos fatores responsáveis pela ocorrência de doenças cardiovasculares, como varizes, infarto e acidentes vasculares cerebrais. A prevenção e o tratamento dessas doenças podem ser feitos com drogas anticoagulantes. A indústria farmacêutica estimula a pesquisa de toxinas animais com essa propriedade.

Considerando as adaptações relacionadas aos hábitos alimentares, os animais adequados ao propósito dessas pesquisas são os(as)

a) moluscos fitófagos.
b) moscas saprófagas.
c) pássaros carnívoros.
d) morcegos frugívoros.
e) mosquitos hematófagos.

60 Pesquisadores criaram um tipo de plaqueta artificial, feita com um polímero gelatinoso coberto de anticorpos, que promete agilizar o processo de coagulação quando injetada no corpo. Se houver sangramento, esses anticorpos fazem com que a plaqueta mude sua forma e se transforme em uma espécie de rede que gruda nas lesões dos vasos sanguíneos e da pele.

MOUTINHO, S. *Coagulação acelerada*. Disponível em: http://cienciahoje.uol.com.br. Acesso em: 19 fev. 2013 (adaptado).

Qual a doença cujos pacientes teriam melhora de seu estado de saúde com o uso desse material?

a) Filariose.
b) Hemofilia.
c) Aterosclerose.
d) Doença de Chagas.
e) Síndrome da imunodeficiência adquirida.

61 A terapia celular tem sido amplamente divulgada como revolucionária, por permitir a regeneração de tecidos a partir de células novas. Entretanto, a técnica de se introduzirem novas células em um tecido, para o tratamento de enfermidades em indivíduos, já era aplicada rotineiramente em hospitais.

A que técnica refere-se o texto?

a) Vacina.
b) Biópsia.
c) Hemodiálise.
d) Quimioterapia.
e) Transfusão de sangue.

Defesa do corpo e imunidade

62 Vários métodos são empregados para prevenção de infecções por microrganismos. Dois desses métodos utilizam microrganismos vivos e são eles: as vacinas atenuadas, constituídas por patógenos avirulentos, e os probióticos que contêm bactérias benéficas. Na figura são apresentados cinco diferentes mecanismos de exclusão de patógenos pela ação dos probióticos no intestino de um animal.

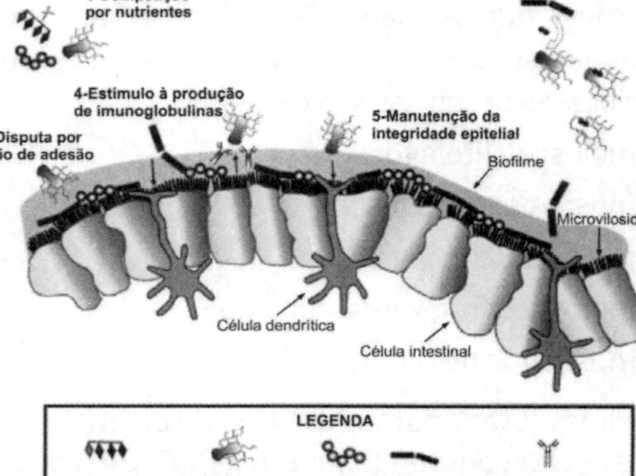

McALLISTER, T. A. *et al.* Review: The use of direct fed microbials to mitigate pathogens and enhance production in cattle. *Cam. J. Anim. Sci.*, jan. 2011 (adaptado).

Qual mecanismo de ação desses probióticos promove um efeito similar ao da vacina?

a) 5
b) 4
c) 3
d) 2
e) 1

Sistemas nervoso e endócrino

63 A retina é um tecido sensível à luz, localizado na parte posterior do olho, onde ocorre o processo de formação de imagem. Nesse tecido, encontram-se vários tipos celulares específicos. Um desses tipos celulares são cones, os quais convertem os diferentes comprimentos de onda da luz visível em sinais elétricos, que são transmitidos pelo nervo óptico até o cérebro.

Disponível em: www.portaldaretina.com.br. Acesso em: 13 jun. 2012 (adaptado).

Em relação à visão, a degeneração desse tipo celular irá

a) comprometer a capacidade de visão em cores.
b) impedir a projeção dos raios luminosos na retina.
c) provocar a formação de imagens invertidas na retina.
d) causar dificuldade de visualização de objetos próximos.
e) acarretar a perda da capacidade de alterar o diâmetro da pupila.

64 Os distúrbios por deficiência de iodo (DDI) são fenômenos naturais e permanentes amplamente distribuídos em várias regiões do mundo. Populações que vivem em áreas deficientes em iodo têm o risco de apresentar os distúrbios causados por essa deficiência, cujos impactos sobre os níveis de desenvolvimento humano, social e econômico são muito graves. No Brasil, vigora uma lei que obriga os produtores de sal de cozinha a incluírem em seu produto certa quantidade de iodeto de potássio.

Essa inclusão visa prevenir problemas em qual glândula humana?

a) Hipófise.
b) Tireoide.
c) Pâncreas.
d) Suprarrenal.
e) Paratireoide.

Locomoção

65 A poluição radioativa compreende mais de 200 nuclídeos, sendo que, do ponto de vista de impacto ambiental, destacam-se o césio-137 e o estrôncio-90. A maior contribuição de radionuclídeos antropogênicos no meio marinho ocorreu durante as décadas de 1950 e 1960, como resultado dos testes nucleares realizados na atmosfera. O estrôncio-90 pode se acumular nos organismos vivos e em cadeias alimentares e, em razão de sua semelhança química, pode participar no equilíbrio com carbonato e substituir o cálcio em diversos processos biológicos.

FIGUEIRA, R. C. L.; CUNHA, I. I. L. A contaminação dos oceanos por radionuclídeos antropogênicos. *Química Nova*, n. 21, 1998 (adaptado).

Ao entrar numa cadeia alimentar da qual o homem faz parte, em qual tecido do organismo humano o estrôncio-90 será acumulado predominantemente?

a) Cartilaginoso.

b) Sanguíneo.

c) Muscular.

d) Nervoso.

e) Ósseo.

Saúde e reprodução

66 A pílula anticoncepcional é um dos métodos contraceptivos de maior segurança, sendo constituída basicamente de dois hormônios sintéticos semelhantes aos hormônios produzidos pelo organismo feminino, o estrogênio (E) e a progesterona (P). Em um experimento médico, foi analisado o sangue de uma mulher que ingeriu ininterruptamente um comprimido desse medicamento por dia durante seis meses.

Qual gráfico representa a concentração sanguínea desses hormônios durante o período do experimento?

a)

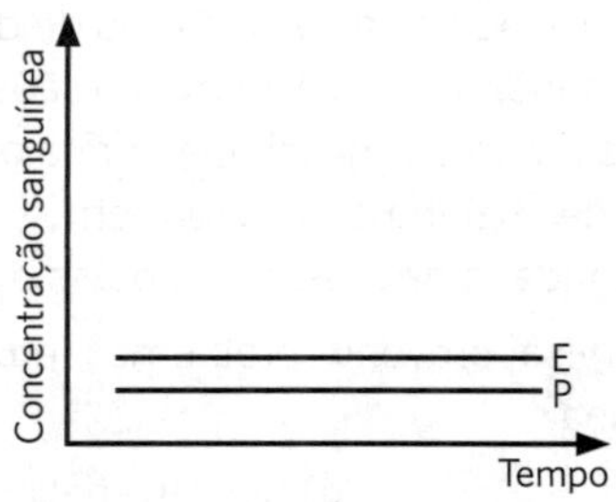

b)

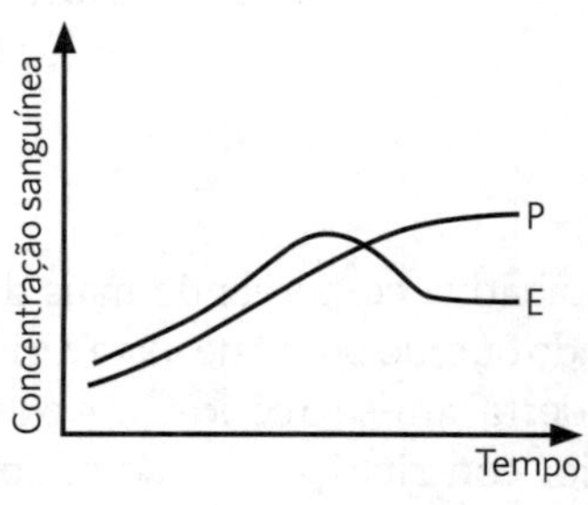

c)

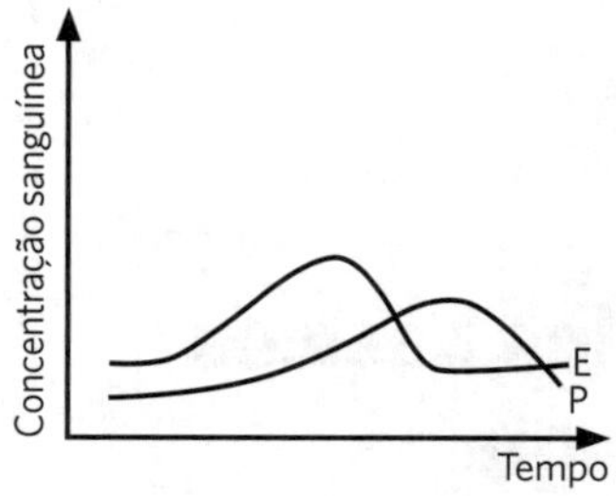

d)

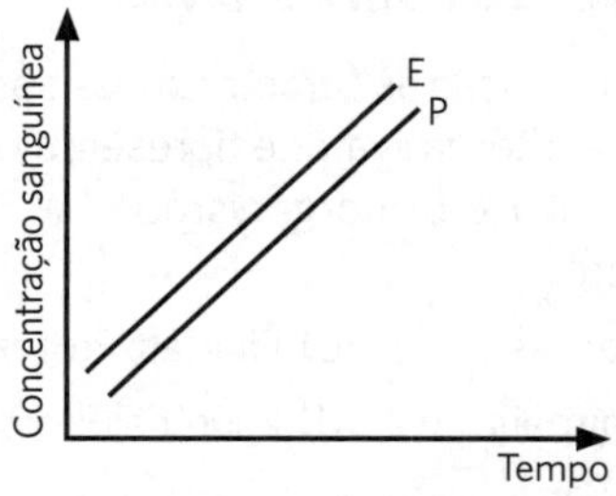

e)

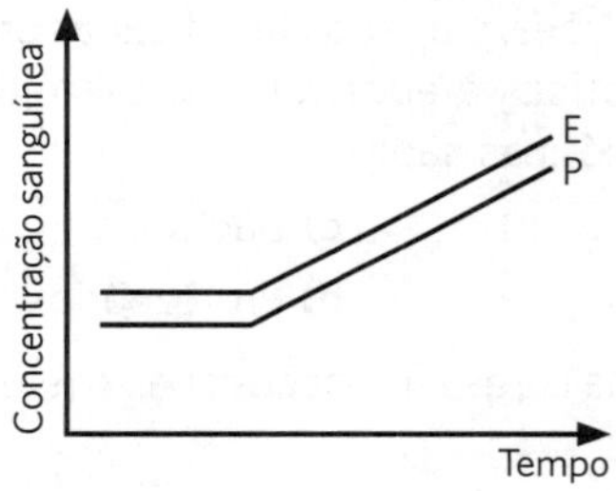

67 A contaminação pelo vírus da rubéola é especialmente preocupante em grávidas, devido à síndrome da rubéola congênita (SRC), que pode levar ao risco de aborto e malformações congênitas. Devido a campanhas de vacinação específicas, nas últimas décadas houve uma grande diminuição de casos de rubéola entre as mulheres, e, a partir de 2008, as campanhas se intensificaram e têm dado maior enfoque à vacinação de homens jovens.

BRASIL. *Brasil livre da rubéola*: campanha nacional de vacinação para eliminação da rubéola. Brasília: Ministério da Saúde, 2009 (adaptado).

Considerando a preocupação com a ocorrência da SRC, as campanhas passaram a dar enfoque à vacinação dos homens, porque eles

a) ficam mais expostos a esse vírus.

b) transmitem o vírus a mulheres gestantes.

c) passam a infecção diretamente para o feto.

d) transferem imunidade às parceiras grávidas.

e) são mais suscetíveis a esse vírus que as mulheres.

Vestibulares

Princípios básicos da Biologia

Características dos seres vivos

1 (Ufla-MG) Com relação às características dos seres vivos, marque a alternativa que apresenta um organismo unicelular e um organismo pluricelular, respectivamente.

a) Animais; Plantas
b) Bactéria; Animais
c) Plantas; Protozoário
d) Bactéria; Protozoário

2 (Ufla-MG) Existem células de diferentes tamanhos, formas e funções. Mas, independentemente dessas variações, elas são classificadas em dois tipos: procarióticas e eucarióticas. Exemplos de células procarióticas são:

a) Vírus
b) Fungos
c) Bactérias
d) Protozoários

3 (Fuvest-SP) Analise as afirmações abaixo referentes aos seres vivos.

I. Relacionam-se e modificam o meio.
II. Reproduzem-se sexualmente.
III. Respondem aos estímulos do meio.
IV. Usam gás carbônico na produção de matéria orgânica.

São características comuns a todos os seres vivos:

a) I e II, apenas.
b) I, II e III, apenas.
c) I e III, apenas.
d) II e IV, apenas.
e) I, II, III e IV.

Composição química celular

4 (UFRGS-RS) Assinale a alternativa que preenche corretamente as lacunas do enunciado abaixo, na ordem em que aparecem.

O íon ______ integra as moléculas de DNA, RNA e ATP. Já o íon sódio contribui para ______, enquanto o íon ______ participa da composição da mioglobina.

a) fósforo – a formação de ossos e dentes – zinco
b) ferro – a coagulação sanguínea – potássio
c) cálcio – o equilíbrio hídrico – ferro
d) cálcio – a composição de açúcares de longas cadeias – potássio
e) fósforo – a transmissão do impulso nervoso – ferro

5 (UFU-MG) Os polissacarídeos são macromoléculas de carboidratos, polímeros com centenas a milhares de monossacarídeos unidos por meio de ligações glicosídicas.

Sobre os polissacarídeos, são feitas as seguintes afirmações.

I. Amido é um polissacarídeo de armazenamento encontrado nos animais.

II. Os vertebrados armazenam glicogênio, principalmente nas células do fígado e dos músculos.

III. O exoesqueleto dos artrópodes é formado por quitina que é um polissacarídeo com função estrutural.

IV. A celulose é um polissacarídeo estrutural encontrado como principal componente da resistente parede celular que circunda as células dos animais.

Considerando-se as informações acima, marque V para as afirmativas verdadeiras e F para as falsas e assinale a alternativa correta, de cima para baixo.

a) V, F, V, V.
b) F, V, F, F.
c) F, V, V, F.
d) V, V, F, V.

6 (PUC-SP) As plantas carnívoras também são fotossintetizantes, como as demais plantas. Entretanto, em virtude da pobreza de nutrientes do solo onde crescem, necessitam obter nitrogênio e fósforo a partir de suas presas, que podem ser protozoários, pequenos artrópodes e, dependendo da espécie, até mesmo pequenos vertebrados.

Sendo assim, é correto afirmar que esses nutrientes, obtidos a partir da captura de animais, serão úteis para a formação de biomoléculas tais como:

a) Monossacarídeos.
b) Polissacarídeos.
c) Lipídeos.
d) Ácidos nucleicos.

7 (Fuvest-SP) Alimentos de origem vegetal e animal fornecem nutrientes utilizados pelo nosso organismo para a obtenção de energia e para a síntese de moléculas. Após determinada refeição, completadas a digestão e a absorção, o nutriente majoritariamente absorvido foi a glicose.

Considerando as alternativas abaixo, é correto afirmar que essa refeição estava constituída de

a) contrafilé na brasa.
b) camarão na chapa.
c) ovo frito.
d) frango assado.
e) arroz e feijão.

Ecologia

Conceitos básicos

8 (Fuvest-SP) Nas margens de um rio, verificava-se a seguinte cadeia trófica: o capim ali presente servia de alimento para gafanhotos, que, por sua vez, eram predados por passarinhos, cuja espécie só ocorria naquele ambiente e tinha exclusivamente os gafanhotos como alimento; tais passarinhos eram predados por gaviões da região.

A lama tóxica que vazou de uma empresa mineradora matou quase totalmente o capim ali existente. É correto afirmar que, em seguida, o consumidor secundário

a) teve sua população reduzida como consequência direta do aumento da biomassa no primeiro nível trófico da cadeia.

b) teve sua população reduzida como consequência indireta da diminuição da biomassa no primeiro nível trófico da cadeia.

c) não teve sua população afetada, pois o efeito da lama tóxica se deu sobre o primeiro nível trófico da cadeia, e não sobre o segundo.

d) não teve sua população afetada, pois a lama tóxica não teve efeito direto sobre ele, mas sim sobre um nível trófico inferior.

e) teve sua população aumentada como consequência direta do aumento da biomassa no segundo nível trófico da cadeia.

9 (Fuvest-SP) Em relação ao fluxo de energia na biosfera, considere que A representa a energia captada pelos produtores; B representa a energia liberada (perdida) pelos seres vivos; C representa a energia retida (incorporada) pelos seres vivos. A relação entre A, B e C na biosfera está representada em:

a) $A < B < C$.

b) $A < C < B$.

c) $A = B = C$.

d) $A = B + C$.

e) $A + C = B$.

10 (Fuvest-SP) A cobra-coral *Erythrolamprus aesculapii* tem hábito diurno, alimenta-se de outras cobras e é terrícola, ou seja, caça e se abriga no chão. A jararaca *Bothrops jararaca* tem hábito noturno, alimenta-se de mamíferos e é terrícola. Ambas ocorrem, no Brasil, na floresta pluvial costeira. Essas serpentes

a) disputam o mesmo nicho ecológico.

b) constituem uma população.

c) compartilham o mesmo *habitat*.

d) realizam competição intraespecífica.

e) são comensais.

11 (PUC-SP)

Fonte: <http://aqpbrasil.com/wp-content/uploads/2017/01/Aquaponia-site-1024x603.png>

Aquaponia é o nome dado a um sistema de produção que combina aquicultura e hidroponia. Basicamente, consiste em um cultivo orgânico de vegetais, associado à criação de peixes. Após alimentados com ração, os peixes liberam dejetos, os quais são bombeados, imersos na água, para o ambiente de cultivo dos vegetais. Os dejetos são retidos pelas raízes e a água, então purificada, retorna por gravidade ao tanque de criação dos peixes, como ilustrado na figura acima.

A respeito do sistema aquapônico, é possível afirmar que:

a) Dispensa a atuação de organismos decompositores.

b) Pode ser instalado em ambiente sem iluminação alguma.

c) Os peixes atuam como consumidores primários.

d) A ração é fonte de nutrientes para vegetais e peixes.

12 (Uece) Atente ao que se diz a seguir sobre os ciclos biogeoquímicos, e assinale com V o que for verdadeiro e com F o que for falso.

( ) O ciclo da água pode ser estudado sob dois aspectos: o pequeno e o grande ciclos, classificados pela ausência e presença dos seres vivos, respectivamente.

( ) As bactérias de gênero *Rhizobium* vivem associadas, principalmente, às raízes das leguminosas, beneficiando-as com a fixação do nitrogênio atmosférico.

( ) Os principais processos metabólicos representados no ciclo do oxigênio são a fotossíntese e a respiração.

( ) O fósforo é um elemento encontrado apenas na forma sólida, ou seja, não existe na atmosfera.

Está correta, de cima para baixo, a seguinte sequência:

a) V, F, V, F.

b) F, V, F, V.

c) V, V, V, V.

d) F, F, F, F.

Populações e comunidades

13 (UFRGS-RS) Em relação às densidades populacionais dos ecossistemas, é correto afirmar que

a) as populações aumentam independentemente das condições ambientais.

b) os limites ambientais provocam aumento das taxas de mortalidade e diminuição das taxas de natalidade.

c) os gráficos que expressam o tamanho de populações em relação ao tempo formam curvas ascendentes contínuas.

d) as espécies de vidas curtas têm baixas taxas reprodutivas.

e) essas densidades são sempre maiores do que teoricamente possível.

14 (FMJ-SP) Duas espécies de plantas, X e Y, foram analisadas numa condição diferente da natural: cinquenta plantas da espécie Y receberam sobre seus caules as plantas da espécie X por um período de 2 anos e nenhuma delas morreu. Os resultados das taxas de crescimento das duas espécies foram indicados em um gráfico. As linhas pontilhadas representam os crescimentos reais, caso não houvesse contato entre elas.

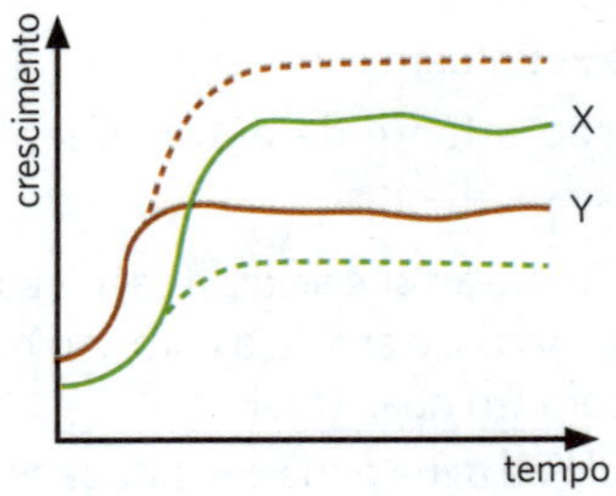

De acordo com os resultados, é correto afirmar que a interação ecológica entre as espécies X e Y é de

a) mutualismo.

b) parasitismo.

c) canibalismo.

d) epifitismo.

e) protocooperação.

15 (Fuvest-SP) A figura representa a estrutura de três populações de plantas arbóreas, A, B e C, por meio de pirâmides etárias. O comprimento das barras horizontais corresponde ao número de indivíduos da população em cada estágio, desde planta recém-germinada (plântula) até planta senescente.

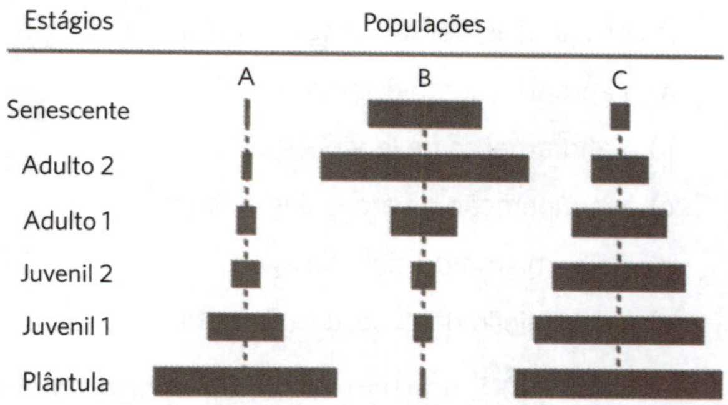

Bresinsky *et al. Tratado de Botânica de Strasburger*, 36ª ed. Ed. Artmed, Porto Alegre, 2012. Adaptado.

A população que apresenta maior risco de extinção, a população que está em equilíbrio quanto à perda de indivíduos e a população que está começando a se expandir são, respectivamente,

a) A, B, C.
b) A, C, B.
c) B, A, C.
d) B, C, A.
e) C, A, B.

Conservação da biodiversidade

16 (UEA-AM) Analise as imagens de satélite de uma mesma área do estado de Rondônia

Ji-Paraná, 1980

Ji-Paraná, 2011

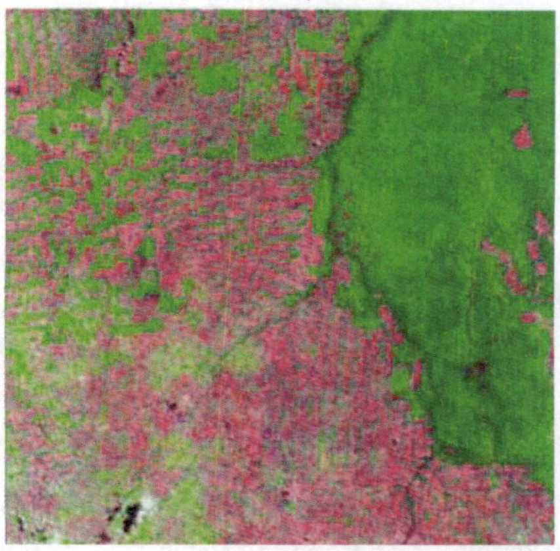

(Elian A. Lucci *et al. Território e sociedade no mundo globalizado*, 2014.)

A comparação dessas imagens indica

a) a apropriação do espaço pela fauna.

b) o afloramento de lençóis freáticos.

c) a recuperação de áreas degradadas.

d) o dinamismo do ciclo da água.

e) a destruição da cobertura florestal.

17 (Unesc-RO) Em artigo científico publicado em julho de 2018, intitulado: The future of hyperdiverse tropical ecosystems" na revista *Nature*, foi divulgado que "os ecossistemas tropicais abrigam mais de 78% de todas as espécies, que as espécies classificadas como vulneráveis, em perigo ou criticamente em perigo são mais dependentes dos trópicos". Destaca também fatores antrópicos de estresse e ações que são urgentes para evitar um colapso sobre a biodiversidade tropical.

Sobre o tema destacado no texto, analise as assertivas abaixo.

I. Os ecossistemas fornecem uma variedade de bens e serviços como água limpa, controle de inundações, polinização, regulação climática, sendo que a maioria desses benefícios pode ser facilmente substituída por tecnologias.

II. A biodiversidade dos trópicos é elevada, portanto as atuais ações de conservação são suficientes para impedir a perda de espécies.

III. A biodiversidade dos ecossistemas tropicais - florestas, savanas, lagos, rios e recifes de coral - está ameaçada por atividades humanas como o desmatamento, a pesca predatória e atividades que promovem o aumento da concentração de dióxido de carbono na atmosfera para níveis acima de 400 p.p.m.

Está correto o que se afirma em

a) I, apenas.

b) II e III, apenas.

c) III, apenas.

d) I, II e III.

18 (Unicamp-SP) A figura a seguir retrata a variação latitudinal dos padrões espaciais de distribuição dos principais biomas terrestres.

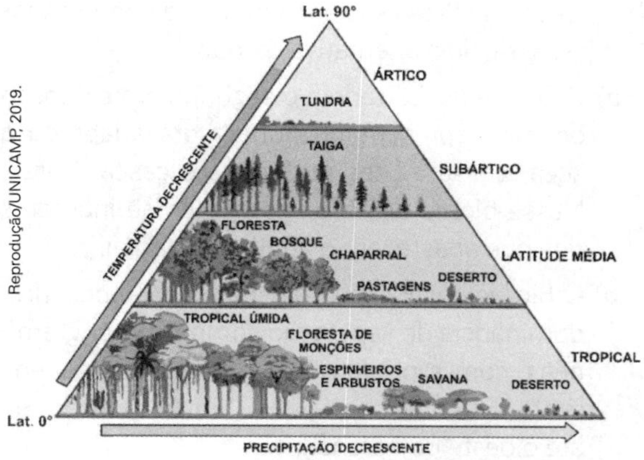

(Fonte: James F. Peterson, Dorothy Sack e Robert E. Glaber, *Fundamentos de Geografia Física*. São Paulo: Cengage, 2015, p. 158)

Considere a figura anterior e assinale a alternativa correta.

a) As florestas têm um aumento na diversidade de suas espécies à medida que a precipitação aumenta e as temperaturas apresentam declínio.

b) Os desertos e as savanas ocorrem em todos os continentes, em áreas com temperaturas elevadas e baixo volume de precipitação.

c) A taiga apresenta espécies arbóreas de maior porte em razão da umidade proveniente das baixas pressões de médias latitudes do Hemisfério Norte.

d) As savanas e as florestas de monções dependem da sazonalidade climática: invernos frios e chuvosos, verões quentes e secos.

19 (PUC-SP) A Floresta Amazônica tem sofrido historicamente com desmatamentos e queimadas. Em 2019, esses eventos atingiram proporções alarmantes. O fogo, quando se alastra pela floresta, provoca elevada mortandade de árvores, especialmente por causa das lesões provocadas pelas chamas em seus vasos condutores, entre outros motivos. Por se tratar de um ecossistema caracterizado pela grande umidade e, portanto, pouco sujeito, naturalmente, aos efeitos do fogo, a vegetação amazônica não é adaptada a incêndios. Um exemplo desse tipo de adaptação vegetal, comum em outros ecossistemas, seria

a) casca grossa nos troncos das árvores.

b) raízes que crescem a grandes profundidades.

c) caules verdes, com folhas modificadas em espinhos.

d) perda sazonal das folhas.

20 (Udesc) No Brasil são encontrados diferentes biomas, assinale a alternativa correta.

a) O Bioma do Cerrado é o segundo em extensão do país, apresentando uma flora adaptada à seca, possui raízes profundas e casca grossa. Nesse bioma estão as nascentes de inúmeros rios que abastecem o aquífero Guarani.

b) O Bioma dos Pampas é caracterizado pela predominância de vegetação composta por gramíneas, com a presença de árvores de pequeno porte. Estende-se desde o Rio Grande do Sul até o oeste do Paraná.

c) O Bioma da Mata Atlântica é caracterizado pela presença de árvores de médio e grande porte, plantas epífitas, estendendo-se exclusivamente pela faixa litorânea do Brasil, desde a Região Norte até a Região Sul.

d) O Bioma Pantanal caracteriza-se por ser uma região que, periodicamente, recebe um fluxo de água muito grande, fazendo com que a maior parte de sua área seja inundada, sendo considerado a maior área inundável do planeta. Estende-se desde o Mato Grosso do Sul até a Região Sudeste.

e) O Bioma da Caatinga é caracterizado pela presença de árvores de médio e grande porte. Seu solo apresenta alta fertilidade sendo constituído por uma camada profunda de húmus e, logo abaixo desta, um extrato arenoso.

Sustentabilidade

21 (UEL-PR) Leia o texto a seguir.

O Aquífero Guarani constitui-se em um sistema hidroestratigráfico Mesozoico, formado por sedimentos fluviolacustres de idade Triássica (Formação Piramboia) e por depósitos de origem eólica de idade jurássica (Formação Botucatu). É a denominação formal dada ao reservatório de água subterrânea doce, pelo geólogo Danilo Anton em homenagem à nação Guarani que habitou essa região. Trata-se de um Aquífero transfronteiriço que se estende por quatro países: Brasil, Uruguai, Paraguai e Argentina.

Adaptado de ZANATTA, L. C. *et al.* Qualidade das águas subterrâneas do Aquífero Guarani para abastecimento público no Estado de Santa Catarina. *XV Congresso Brasileiro de Águas Subterrâneas*, Natal, 2008.

Com base nos conhecimentos sobre o Aquífero Guarani e águas subterrâneas, assinale a alternativa correta.

a) As águas subterrâneas podem ser captadas e ter seu uso imediato no consumo diário, já que sua principal característica é a potabilidade em toda a extensão do aquífero.

b) O conhecimento hidrogeológico deste Aquífero é amplo, o que permite uma gestão adequada de seus recursos, possibilitando a exploração racional e equitativa por parte dos países da borda oriental.

c) Com o desenvolvimento dos planos diretores de uso do solo, todos os municípios localizados sobre o Aquífero são obrigados a aplicar a Política Nacional de Resíduos Sólidos, o que garante a qualidade das águas infiltradas.

d) Os aquíferos estão protegidos da poluição, já que seu processo de formação impede que os agentes poluidores cheguem às suas águas, o que permite manter sua qualidade.

e) Os aquíferos abastecem a região em que estão inseridos e colaboram com a dinâmica ambiental, econômica e social, mantendo a quantidade de água subterrânea e superficial do planeta.

22 (Unesp-SP)

Reprodução/UNESP, 2019.

Composto de 149 lâmpadas especiais de gás xenônio, capazes de produzir um brilho 10 mil vezes maior do que a luz natural do Sol que incide sobre a Terra, o experimento Synlight começou a funcionar no Centro Espacial Alemão. Descrita como o maior sol artificial do mundo, a estrutura pode concentrar sua luz em um ponto que pode atingir temperaturas de 3 mil graus Celsius. Com o auxílio da luz concentrada, é possível obter hidrogênio diretamente da água. Esse elemento é considerado um dos possíveis combustíveis do futuro porque, ao ser queimado, produz apenas água e calor.

(http://revistapesquisa.fapesp.br. Adaptado.)

O experimento Synlight se destaca pela expectativa de

a) produzir, a partir de uma fonte renovável, combustível limpo que não emita gases do efeito estufa.

b) determinar, com a expansão de suas instalações, novas centralidades à geopolítica dos combustíveis fósseis.

c) reverter, com a produção do hidrogênio, monopólios sobre a oferta de fontes de energia renovável.

d) romper, com o uso de energias não renováveis, os limites das matrizes energéticas de países periféricos.

e) regular, a partir da oferta de combustíveis sustentáveis, políticas de preço no mercado internacional de energia.

23 (UFMS) A barreira natural formada pela camada de ozônio contra os raios ultravioleta é fundamental para a manutenção da vida na Terra. O excesso desse tipo de radiação é nocivo, pois está relacionado à indução de:

a) mutações, que são alterações no material genético, podendo desencadear câncer de pele em seres humanos.

b) translocações, que são trocas de partes do material genético, podendo desencadear malformação congênita.

c) recombinação gênica, que são recombinações do material genético, podendo desencadear vários tipos de câncer em seres humanos.

d) síntese proteica, que corresponde a uma produção excessiva de proteínas pelo DNA recombinante.

e) deleções, que correspondem à perda de partes do material genético, podendo desencadear câncer de mama.

24 (PUC-SP) O Brasil é signatário do Acordo de Paris, aprovado por 195 países com o intuito de estabelecer um controle sobre os gases de efeito estufa e, com isso, evitar as consequências negativas de uma possível mudança climática global. Dentre as medidas a que o país se comprometeu a implementar, nesse contexto, está a restauração e o reflorestamento de 12 milhões de hectares de florestas.

Essa medida é condizente com os propósitos do referido acordo, pois:

a) A vegetação captura gás carbônico, em virtude do processo de fotossíntese.

b) As florestas são o pulmão do mundo, aumentando a taxa de oxigênio na atmosfera.

c) Os gases liberados pelas plantas ajudam a reparar a camada de ozônio ao redor do planeta.

d) A umidade liberada pela transpiração vegetal nas florestas estabiliza o clima global.

Biologia celular

Tipos celulares

25 (Unesc-RO) O termo Citologia é originado do grego *kytos*, "célula", e *logos*, "estudo". Portanto é a área que estuda o componente básico dos seres vivos, a célula. Organismos procariontes e eucariontes compartilham determinadas estruturas celulares, enquanto outras são específicas. O quadro abaixo apresenta informações de estrutura celular de três organismos. A letra P indica estrutura celular presente e a letra A indica ausência da estrutura.

Estrutura celular	Organismo 1	Organismo 2	Organismo 3
Membrana celular	P	P	P
Material genético	P	P	P
Citoplasma	P	P	P
Núcleo	P	P	A
Parede celular	P	A	P
Cloroplastos	P	A	A
Mitocôndria	P	P	A
Ribossomos	P	P	P

De acordo com a presença e ausência de estruturas celulares, qual alternativa apresenta seres vivos representantes dos organismos 1, 2 e 3, respectivamente?

a) Planta, animal, bactéria.

b) Animal, planta, bactéria.

c) Animal, bactéria, planta.

d) Planta, alga, bactéria.

26 (UPM-SP) Em comum, as células de cianobactérias, algas e plantas têm

a) parede celulósica.

b) pigmento clorofila.

c) cloroplasto.

d) núcleo organizado.

e) pigmentos carotenoides.

Membranas celulares

27 (UFRGS-RS) Considere as afirmações abaixo, sobre a membrana plasmática de células de animais pluricelulares.

I. Os íons potássio (K^+) tendem a sair da célula por difusão simples, a favor de seu gradiente de concentração.

II. Açúcares de pequena cadeia e aminoácidos, em células de mamíferos, necessitam da ajuda de proteínas carreadoras para atravessar a membrana.

III. A ocorrência de estímulo, em células nervosas de mamíferos, provoca a entrada para o citoplasma de íons potássio (K^+) por difusão simples.

Quais estão corretas?

a) Apenas I.

b) Apenas III.

c) Apenas I e II.

d) Apenas II e III.

e) I, II e III.

28 (Unifipa-SP) Uma célula vegetal extraída da raiz foi imediatamente mergulhada na solução 1. Após certo tempo, a célula foi retirada dessa solução e mergulhada na solução 2 e, em seguida, na solução 3. O gráfico mostra a variação do volume da célula em cada uma das soluções.

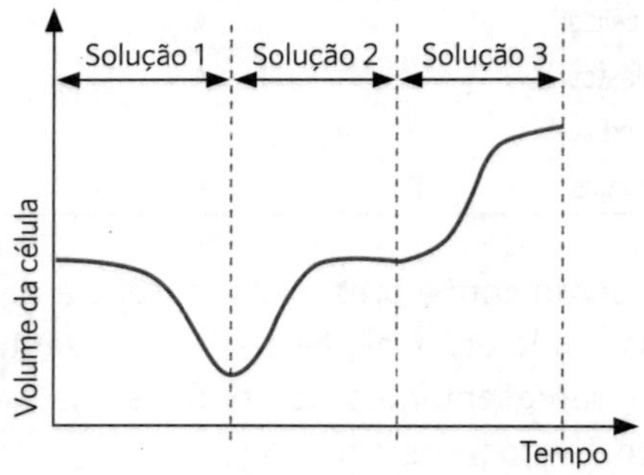

Em relação à tonicidade da célula no momento em que foi extraída da raiz, as soluções 1, 2 e 3 são, respectivamente,

a) hipotônica, isotônica e hipertônica.

b) hipertônica, isotônica e hipotônica.

c) isotônica, hipertônica e hipotônica.

d) hipertônica, hipotônica e isotônica.

e) hipotônica, hipertônica e isotônica.

29 (UFMS) Leia o texto a seguir.

"A membrana plasmática é um componente essencial que constitui as células. Desempenha funções importantes, como revestimento e proteção, sendo uma barreira, auxiliando na sinalização celular ao dar suporte físico para a interação entre diversas moléculas que nela se encontram, como hormônios, neurotransmissores e fatores de crescimento provenientes do meio extracelular, além de participar dos processos de endocitose e de exocitose. Ao longo da história, diversos modelos foram criados para representar sua estrutura e composição química. Em 1972, Singer e Nicholson propuseram um modelo de membrana celular, o qual se tornou o modelo mais aceito até os dias de hoje, chamado de modelo do mosaico fluido."

Alberts, B. *et al.* Estrutura da Membrana. In: ______. *Biologia molecular da célula*. 5. ed. Porto Alegre: Artmed, 2010.

Figura 1. Representação gráfica mostrando a visão tridimensional da membrana celular.

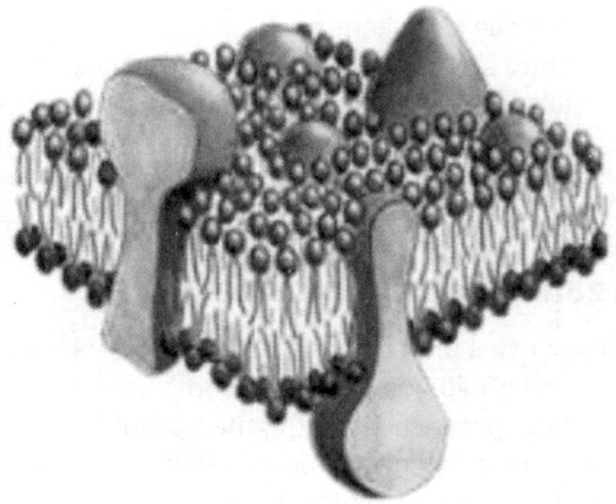

Reprodução/UFMS, 2018.

A respeito do modelo de mosaico fluido, assinale a alternativa que descreve corretamente as suas características e quais seriam os principais componentes da membrana plasmática:

a) Estrutura impermeável; distribuição específica de proteínas ao longo de sua extensão, sem contatos moleculares permanentes, que permitem o baixo reconhecimento e adesão entre si e com componentes da matriz extracelular, além de poucos componentes estruturais, conferindo dessa forma baixo dinamismo da membrana, sendo composta por uma bicamada de carboidratos e colesterol.

b) Permeabilidade seletiva; distribuição aleatória de proteínas ao longo de sua extensão; contatos moleculares quase permanentes que permitem o reconhecimento e adesão entre si e com componentes da matriz extracelular, sendo composta por uma bicamada majoritariamente de fosfolipídios, além de colesterol, glicolipídios, proteínas e glicídios.

c) É uma estrutura impermeável, possuindo uma distribuição específica de proteínas ao longo de sua extensão, contatos moleculares permanentes que permitem o reconhecimento e forte adesão entre si e com componentes da matriz extracelular, sendo composta por uma bicamada de proteínas.

d) Estrutura com permeabilidade seletiva, possuindo uma distribuição específica de proteínas ao longo de sua extensão, sem contatos moleculares permanentes, que permitem o baixo reconhecimento e adesão entre si e com componentes da matriz extracelular; é composta por uma única camada majoritariamente de fosfolipídios e glicoproteínas.

e) Estrutura com permeabilidade pouco seletiva; distribuição específica de proteínas ao longo de sua extensão; contatos moleculares permanentes que permitem o reconhecimento e adesão entre si e com componentes da matriz extracelular, sendo composta por uma bicamada fosfolipídica, revestida em sua totalidade por uma camada proteica, havendo poros que permitem a passagem de substâncias através da membrana.

Organelas do citoplasma

30 (Uerj) Nos últimos anos, estudos mostraram que, em neurônios de pacientes com Alzheimer, uma enzima desencadeia a fragmentação de uma determinada organela citoplasmática. Essa fragmentação resulta em alterações no empacotamento e encaminhamento de proteínas para o exterior da célula. Nomeie a organela citoplasmática fragmentada nos casos dos pacientes com Alzheimer e apresente uma função dessa organela relacionada à reprodução humana.

31 (UFRGS-RS) Assinale a alternativa que preenche corretamente as lacunas do enunciado abaixo, na ordem em que aparecem.

Os peroxissomos são organelas enzimáticas de membrana única, cuja principal função é a ______ de certas substâncias orgânicas nas células, em especial, ______ .Nessa reação, surge um subproduto muito tóxico para a célula, a água oxigenada (peróxido de hidrogênio), que precisa ser rapidamente degradado por uma de suas principais enzimas, a ______ .

a) fluoretação - açúcares - amilase

b) substituição - sais minerais - anidrase

c) acetilação - celulose - fosfatase

d) oxidação - ácidos graxos - catalase

e) redução - nitritos - lipase

32 (Udesc) A micrografia eletrônica, abaixo, mostra duas organelas celulares, indicadas pelas letras A e B.

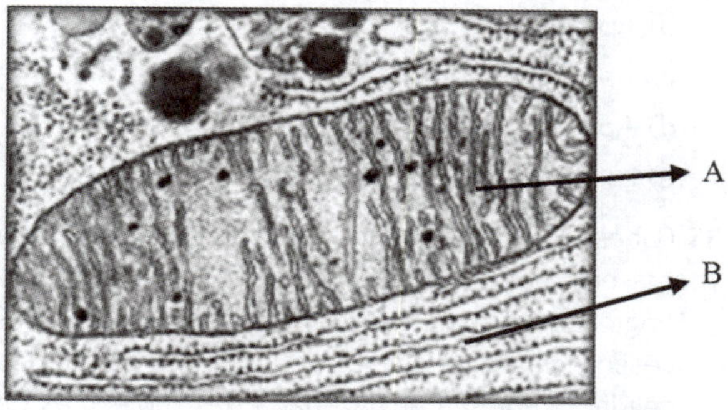

http://mundoeducacao.bol.uol.com.br/biologia/a-origem-das-mitocondrias.htm, acesso em 25/03/2018

Analise as proposições em relação a essas organelas.

I. A estrutura indicada pela letra A é responsável pelo fornecimento de energia para a célula.

II. A estrutura indicada pela letra B está envolvida com a síntese proteica.

III. A estrutura indicada pela letra A possui DNA próprio.

IV. A estrutura indicada pela letra B liga-se à membrana nuclear.

V. Ambas organelas são envoltas por uma membrana lipoproteica.

Assinale a alternativa correta.

a) Somente as afirmativas I, III e IV são verdadeiras.

b) Somente as afirmativas II e V são verdadeiras.

c) Somente as afirmativas I, II e III são verdadeiras.

d) Somente as afirmativas I, II, IV e V são verdadeiras.

e) Todas as afirmativas são verdadeiras.

Metabolismo energético

33 (Uece) O principal processo anaeróbio de produção de ATP é denominado de

a) fermentação.

b) fotossíntese.

c) respiração.

d) fosforilação.

34 (UFRGS-RS) Com relação à fotossíntese, considere as seguintes afirmações.

I. As reações independentes de luz utilizam moléculas formadas pelas reações dependentes de luz.

II. As reações dependentes de luz, assim como as independentes, ocorrem nos tilacoides dos cloroplastos.

III. O ciclo de Calvin utiliza CO_2 e outras moléculas para produzir glicose.

Quais estão corretas?

a) Apenas I.

b) Apenas II.

c) Apenas I e III.

d) Apenas II e III.

e) I, II e III.

35 (Unesc-RO) Uma quantidade expressiva da energia presente nas moléculas orgânicas dos seres vivos é originada, primariamente, da luz solar. Em um processo energético celular denominado respiração celular, a energia armazenada nas moléculas de alimento é transferida para as moléculas de ATP, para tornar-se disponível para as atividades vitais. Em células eucariontes, o processo de respiração celular ocorre sequencialmente em

a) três etapas metabólicas: glicólise e Ciclo de Krebs no citosol, fosforilação oxidativa no interior das mitocôndrias. As 3 etapas ocorrem obrigatoriamente com a presença de oxigênio.

b) três etapas metabólicas: glicólise no citosol, ciclo de Krebs e fosforilação oxidativa no interior das mitocôndrias. A glicólise é descrita como uma etapa anaeróbia, pois não necessita de gás oxigênio para ocorrer, enquanto o Ciclo de Krebs e a fosforilação oxidativa ocorrem se houver gás oxigênio.

c) duas etapas metabólicas: glicólise e Ciclo de Krebs no interior das mitocôndrias. As 2 etapas ocorrem obrigatoriamente com a presença de oxigênio.

d) três etapas metabólicas: glicólise, fosforilação oxidativa no interior das mitocôndrias e Ciclo de Krebs no citosol. A glicólise é descrita como uma etapa anaeróbia, pois não necessita de gás oxigênio para ocorrer, enquanto o Ciclo de Krebs e a fosforilação oxidativa ocorrem se houver gás oxigênio.

Núcleo e divisão celular

36 (Cederj) Sobre o ciclo celular, é correto afirmar:

a) A interfase apresenta as seguintes fases: G1, S, G2 e Mitose.

b) O ciclo celular é dividido em duas etapas: interfase e divisão celular.

c) Após sair da fase S da interfase, a célula apresenta o dobro de proteínas.

d) G2 é uma fase de baixa atividade, em que ocorre, contudo, a síntese do ácido desoxirribonucleico.

37 (Fuvest-SP) Em determinada espécie animal, o número diploide de cromossomos é 22. Nos espermatozoides, nos óvulos e nas células epidérmicas dessa espécie serão encontrados, respectivamente:

a) 22, 22 e 44 cromossomos.

b) 22, 22 e 22 cromossomos.

c) 11, 11 e 22 cromossomos.

d) 44, 44 e 22 cromossomos.

e) 11, 22 e 22 cromossomos.

38 (PUC-SP) Leia com atenção o texto a seguir.

A síndrome de Down se caracteriza pelo funcionamento intelectual inferior à média, que se manifesta antes dos 18 anos. Além do déficit cognitivo e da dificuldade de comunicação, a pessoa com Síndrome de Down apresenta redução do tônus muscular, cientificamente chamada de hipotonia. Também são comuns problemas na coluna, na tireoide, nos olhos e no aparelho digestório. Muitas vezes, a criança nasce com anomalias cardíacas, solucionáveis com cirurgias. O diagnóstico preciso requer a análise do cariótipo.

Fonte <https://novaescola.org.br/conteudo/280/o-que-e-sindrome-de-down> (modificado).

Dentre as opções de cariótipo a seguir, assinale aquela que contribui para o diagnóstico preciso, mencionado no texto:

a)

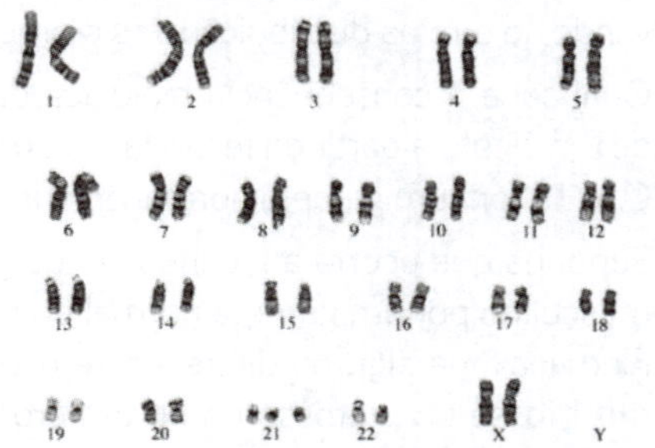

b)

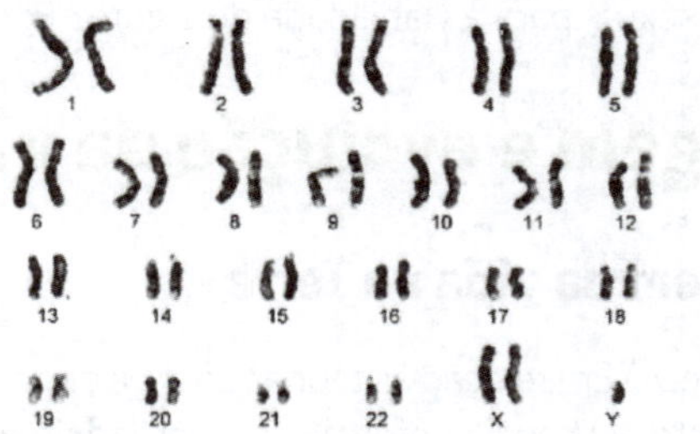

c)

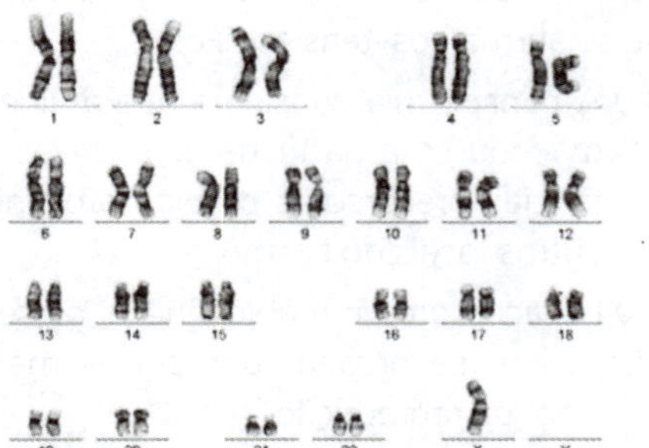

Reprodução/PUC-SP, 2019.

d) 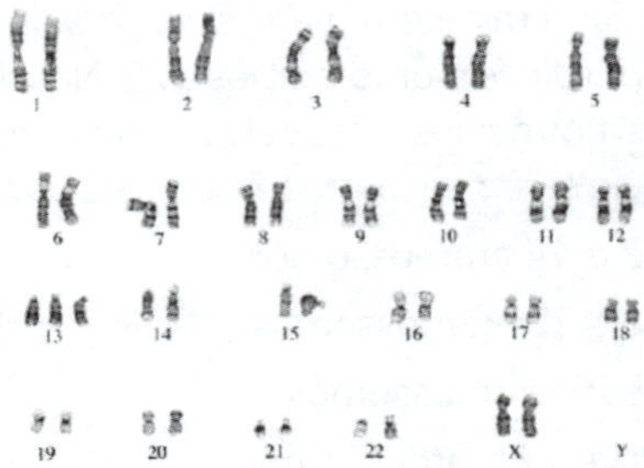

39 (UFPR) Durante o ciclo celular, uma célula duplica e distribui seus cromossomos, formando células-filhas. Considere o processo de meiose que origina gametas humanos, no qual ocorreu um erro na distribuição de um (1) dos cromossomos (figura). Os demais cromossomos foram distribuídos perfeitamente.

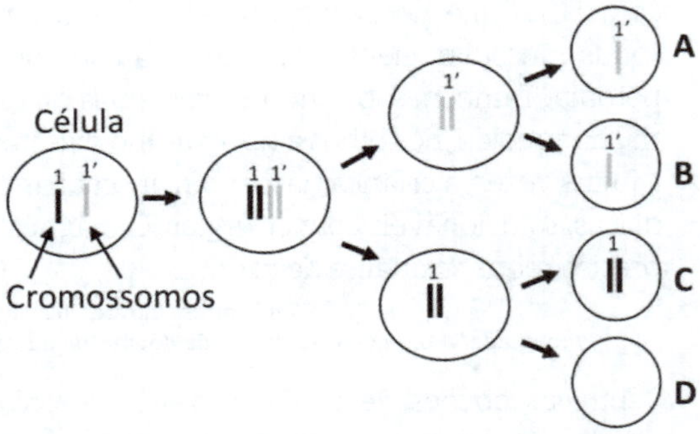

a) Qual evento/processo do ciclo celular falhou, levando ao erro na distribuição dos cromossomos?

b) Qual seria a consequência biológica da geração de um zigoto a partir da fecundação dos gametas C ou D com um gameta normal do outro sexo?

c) Suponha que ocorra a fecundação do gameta D masculino por um gameta normal do sexo feminino. Haveria alguma diferença se o cromossomo 1 fosse um autossomo ou um cromossomo sexual para a viabilidade do zigoto? Por quê?

Origem e evolução da vida

Origem da vida na Terra

40 (Uece) Em relação às teorias sobre a origem da vida, escreva V ou F conforme seja verdadeiro ou falso o que se afirma nos itens abaixo.

( ) A panspermia considera que a vida na Terra originou-se a partir de seres vivos ou substâncias precursoras da vida provenientes de outros locais do cosmo.

( ) De acordo com a abiogênese, os seres vivos podem se originar por outros mecanismos além da reprodução.

( ) A teoria da evolução química propõe que a vida é resultado da evolução de compostos inorgânicos em orgânicos simples que evoluirão até formarem estruturas com capacidade de autoduplicação e metabolismo.

( ) Segundo a biogênese, ou teoria da geração espontânea, os seres vivos surgem apenas pela reprodução de seres da sua própria espécie.

Está correta, de cima para baixo, a seguinte sequência:

a) V, V, V, F.
b) V, F, V, F.
c) F, V, F, V.
d) F, F, F, V.

41 (PUCC-SP) Há muito, muito tempo, quando ocorreu a origem da vida na Terra, surgiram vários processos biológicos. Tendo em vista as condições ambientais existentes então, podemos afirmar que a sequência correta do aparecimento dos processos abaixo foi a mostrada em

a) respiração aeróbia ⟶ fermentação ⟶ fotossíntese.
b) fermentação ⟶ respiração aeróbia ⟶ fotossíntese.
c) fermentação ⟶ fotossíntese ⟶ respiração aeróbia.
d) fotossíntese ⟶ respiração aeróbia ⟶ fermentação.
e) fotossíntese ⟶ fermentação ⟶ respiração aeróbia.

42 (Unicamp-SP) Na antiguidade, alguns cientistas e pensadores famosos tinham um conceito curioso sobre a origem da vida e em alguns casos existiam até receitas para reproduzir esse processo. Os experimentos de Pasteur foram importantes para a mudança dos conceitos e hipóteses alternativas para o surgimento da vida. Evidências sobre a origem da vida sugerem que:

a) a composição química da atmosfera influenciou o surgimento da vida.
b) os coacervados deram origem às moléculas orgânicas.
c) a teoria da abiogênese foi provada pelos experimentos de Pasteur.
d) o vitalismo é uma das bases da biogênese.

43 (Unicamp-SP) Em 2017, um grupo de astrônomos europeus detectou sete planetas orbitando uma estrela da Via Láctea denominada TRAPPIST-1. Reproduzimos abaixo algumas informações extraídas desse estudo.

As estimativas das massas dos seis planetas mais próximos da estrela sugerem fortemente uma composição rochosa. Em especial, três planetas têm irradiações estelares* muito próximas das de Vênus, Terra e Marte. Supondo condições atmosféricas semelhantes às da Terra, deduziu-se que um desses três planetas, denominado TRAPPIST-1f, pode ter oceanos de água em forma líquida na superfície.

(Fonte: Michael Gillon e outros, Seven temperate terrestrial planets around the nearby ultracool dwarf star TRAPPIST-1. *Nature*, Cambridge, v. 542, p. 456-460, fev. 2017.)

* irradiação estelar é a potência de energia recebida da estrela por unidade de área do planeta.

Responda às questões a seguir.

a) O estudo sugere que o planeta TRAPPIST-1f pode ter sido palco do surgimento de formas de vida semelhantes às da Terra. Levando em conta apenas as características encontradas atualmente em todos os organismos vivos, explique a importância de duas características físicas ou químicas presentes no planeta TRAPPIST-1f para a biologia dos organismos vivos como nós os conhecemos.

b) Uma teoria altamente controversa, denominada panspermia, sugere que a vida existe em vários lugares do Universo e pode ter-se disseminado entre planetas e sistemas estelares, carregada por meteoros. Considerando plausível tal teoria, se dois planetas com características semelhantes fossem semeados simultaneamente pelos mesmos micro-organismos, não necessariamente possuiriam as mesmas formas de vida bilhões de anos depois. Explique por que, incluindo em sua resposta pelo menos um fator que leva a evolução biológica a ser imprevisível. Qual a relação entre mutações e variabilidade genética, condição essencial para a evolução biológica?

Evolução

44 (PUC-SP) Negadores da evolução biológica costumam argumentar que a evolução é "só uma teoria".

Na linguagem popular, a palavra "teoria" soa como um palpite ou suposição, mas, no âmbito científico que se aplica à evolução das espécies, teoria é o nome dado a um conjunto de explicações bem fundamentadas em evidências, a respeito de determinado aspecto estudado. A existência de parentesco evolutivo entre diferentes espécies, por exemplo, é baseada em evidências obtidas a partir de estudos comparativos de anatomia, embriologia e bioquímica.

Nesse contexto, considere as seguintes comparações:

I. Asas de aves e asas de insetos.

II. O formato do corpo de tubarões e golfinhos.

III. Organização dos ossos no esqueleto dos membros anteriores de morcegos e baleias.

IV. A presença de notocorda nos embriões de peixes e sapos.

Nas comparações identificadas pelos algarismos acima, há evidência de parentesco evolutivo

a) em I e II, apenas.
b) em II e III, apenas.
c) em III e IV, apenas.
d) em I e IV, apenas.

45 (UFRGS-RS) Há 65 milhões de anos, no final do período Cretáceo, ocorreu a extinção em massa de diversos organismos, entre eles a dos dinossauros. As evidências indicam que esse evento ocorreu em consequência da queda de um asteroide que desencadeou drásticas mudanças climáticas no planeta.

A partir do processo de extinção dos dinossauros, é correto afirmar que

a) os anfíbios, que passaram a habitar a terra firme, expandiram-se.

b) as grandes florestas de samambaias gigantes e cavalinhas de pequenas folhas extinguiram-se, formando os atuais depósitos de carvão mineral.

c) os insetos desenvolveram asas, tornando-se os primeiros seres vivos que podiam voar.

d) os peixes diversificaram-se, surgindo formas mandibuladas.

e) os mamíferos primitivos que sobreviveram à queda do meteoro diversificaram-se e expandiram-se.

46 (Unicamp-SP) "Um poeta chamado Zhu Xi escreveu o seguinte há cerca de 1200 anos: 'No topo das altas montanhas vejo conchas que me dizem que antigos lugares de baixa altitude se elevaram para os céus e moram agora nos mais elevados picos. Estas conchas dizem-me também que materiais vivos de animais se converteram nas mais duras e inertes rochas.' Essas palavras foram durante séculos lidas como se fossem versos. Mas Zhu Xi não era apenas um poeta: era um cientista, aquilo que, até há pouco se chamava um naturalista."

(Mia Couto, "Rios, Cobras e Camisas de Dormir", em *E se Obama fosse africano? E outras intervenções.* 2. ed. Lisboa: Editorial Caminho, 2009, p. 58.)

O poema citado por Mia Couto faz referência

a) ao processo de migração de moluscos marinhos para topos de montanhas e a sua posterior fossilização.

b) ao processo de decomposição de materiais vivos que ocorre nas rochas duras e inertes presentes nos topos das montanhas.

c) à presença de fósseis de moluscos em montanhas que se formaram em regiões antes cobertas por água.

d) à existência de fósseis de moluscos que habitavam topos de montanhas e hoje estão extintos.

Teorias evolucionistas

47 (Unifipa-SP) A figura mostra os fósseis de equinodermos encontrados durante escavação de uma área seca que, há milhões de anos, era o fundo de um mar.

Reprodução/UFPR, 2015.

(www.ib.usp.br)

A análise comparativa sugere que as diferenças entre os fósseis das duas camadas são resultantes

a) do uso intenso ou reduzido das estruturas corporais pelos equinodermos ao longo de milhões de anos.

b) de características morfológicas adquiridas pelos equinodermos mais antigos e transmitidas aos mais recentes.

c) do cruzamento aleatório entre as diferentes espécies de equinodermos, que resultou em alterações morfológicas.

d) de mutações sucessivas que tornaram os equinodermos recentes mais complexos que os mais antigos.

e) do acúmulo de variações fenotípicas casuais que favoreceram, ao longo do tempo, os equinodermos melhor adaptados.

48 (FMJ-SP) Assinale a alternativa que contém uma explicação darwinista sobre a evolução dos seres vivos.

a) O meio ambiente seleciona os seres vivos com características mais favoráveis.

b) Os seres vivos têm a necessidade de adaptação para viver no meio ambiente.

c) Os órgãos análogos de alguns seres vivos se desenvolveram para exercer a mesma função.

d) Os seres vivos criam novas características para serem selecionados pelo meio ambiente.

e) As alterações genéticas ocorrem para melhorar a adaptação dos seres vivos ao meio ambiente.

Seleção artificial e especiação

49 (UFMS) A seleção artificial é um processo de evolução guiado pela espécie humana. Indivíduos de outras espécies são submetidos a cruzamentos previamente definidos, a fim de produzir variações de interesse. Muitas vezes, ao cruzar indivíduos de parentesco próximo para intensificar e aumentar a probabilidade de obter essas características, num processo conhecido como endogamia, geram-se, como produtos, as diversas raças de animais e plantas domésticos, que permitiram o avanço das primeiras civilizações humanas. Considerando as consequências do processo de seleção artificial e comparando-o com a seleção natural, assinale a alternativa correta:

a) A seleção artificial cria organismos tão saudáveis e adaptados ao meio selvagem quanto a seleção natural.

b) A seleção artificial cria superbactérias resistentes a antibióticos *in vivo*.

c) Proles geradas por endogamia são necessariamente geneticamente idênticas.

d) A seleção artificial é um processo evolutivo extremamente lento.

e) Devido à endogamia, é comum indivíduos de raças de animais domésticos apresentarem problemas de saúde de causas genéticas.

50 (Unesp-SP) O *Pezosiren portelli* foi um mamífero quadrúpede terrestre, ancestral das espécies de peixe-boi atuais, que viveu há 50 milhões de anos. Há 23 milhões de anos, havia na Amazônia um braço de mar, o Lago Pebas, habitado por peixes-boi de água salgada. Há 8 milhões de anos, este braço de mar fechou-se e confinou os animais em um ambiente de água doce. Ao longo da evolução, estes animais originaram o atual peixe-boi-da-amazônia.

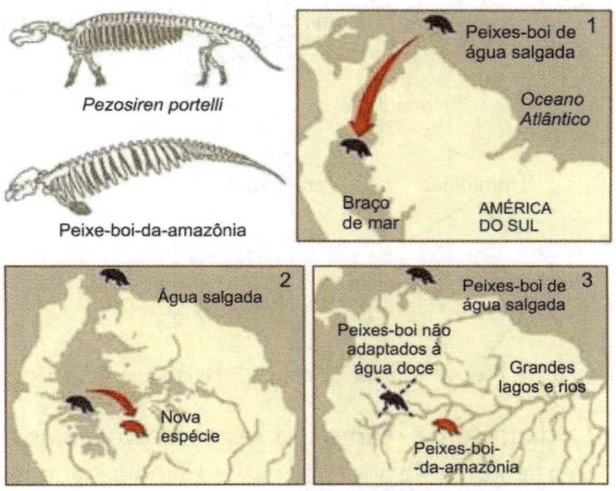

(http://revistaepoca.globo.com. Adaptado.)

a) Comparando-se os esqueletos do *P. portelli* e do peixe-boi-da-amazônia, há semelhança na organização anatômica dos membros anteriores. Como são classificados estes órgãos quanto à origem embrionária? Por que esta comparação evidencia a divergência evolutiva entre o *P. portelli* e as espécies de peixe-boi atuais?

b) Justifique como o fechamento do braço de mar e o novo ambiente de água doce levaram à formação da espécie de peixe-boi na bacia do Rio Amazonas.

Evolução humana

51 (UFRGS-RS) Em agosto de 2018, foi divulgada, na revista *Nature*, a descoberta de um fóssil híbrido entre duas espécies humanas já extintas. Trata-se do fóssil de uma garota de 13 anos, de mãe neandertal e pai denisovano que viveu há 50 mil anos.

Sabendo-se que o DNA das duas espécies, bem como o da garota híbrida, foi sequenciado, considere as afirmações abaixo.

I. A garota pode ser considerada um híbrido, pois apresenta genes típicos de cada uma das espécies na mesma proporção.

II. A mãe era neandertal, conforme evidenciado pelas mitocôndrias da garota.

III. O pai era denisovano, conforme evidenciado pelo cromossomo Y do fóssil híbrido.

Quais estão corretas?

a) Apenas I.

b) Apenas III.

c) Apenas I e II.

d) Apenas II e III.

e) I, II e III.

52 (Unicamp-SP)

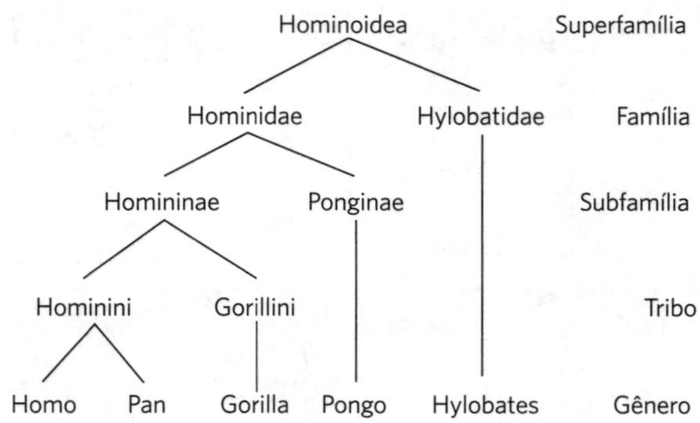

O cladograma representa relações evolutivas entre membros da Superfamília Hominoidea, onde se observa que

a) homens e gibões (*Hylobatidae*) não possuem ancestral comum.

b) homens, gorilas (*Gorilla*) e orangotangos (*Pongo*) pertencem a famílias diferentes.

c) homens, gibões e chimpanzés (*Pan*) possuem um ancestral comum.

d) homens, orangotangos (*Pongo*) e gibões (*Hylobatidae*) são primatas pertencentes à mesma família.

Diversidade de seres vivos

Classificação de seres vivos

53 (Uerj) Pesquisas identificaram um potente antibiótico produzido pelo fungo *Streptomyces* sp. 3, mas que possui elevado custo de comercialização. A partir de sequências genéticas de espécies de *Streptomyces* relacionadas à produção de antibióticos, foi elaborado o cladograma abaixo.

Espécies de *Streptomyces*

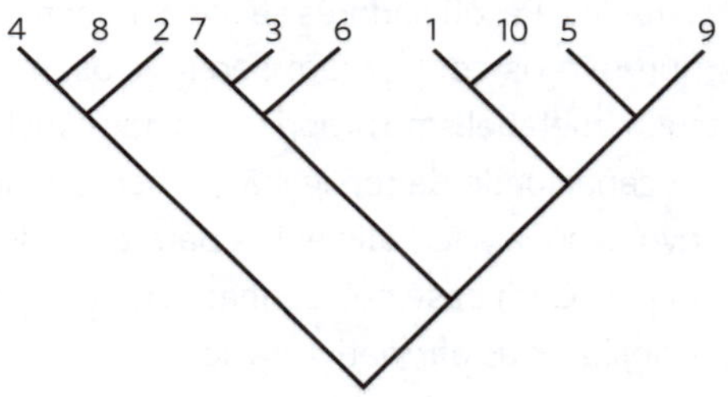

Com base no cladograma, identifique as duas outras espécies de fungos que devem ser priorizadas nos estudos para a produção desse antibiótico.

Aponte, ainda, a vantagem da utilização do cladograma na busca de espécies para a produção do medicamento.

54 (Fuvest-SP) Atualmente, os seres vivos são classificados em três domínios: Bacteria, Archaea e Eukarya. Todos os eucariotos estão incluídos no domínio Eukarya, e os procariotos estão distribuídos entre os domínios Bacteria e Archaea. Estudos do DNA ribossômico mostraram que os procariotos do domínio Archaea compartilham, com os eucariotos, sequências de bases nitrogenadas, que não estão presentes nos procariotos do domínio Bacteria. Esses resultados apoiam as relações evolutivas representadas na árvore

a)

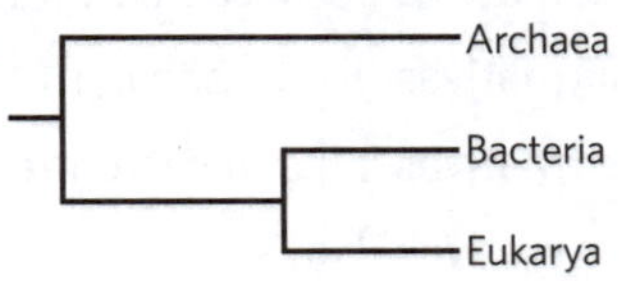

b) 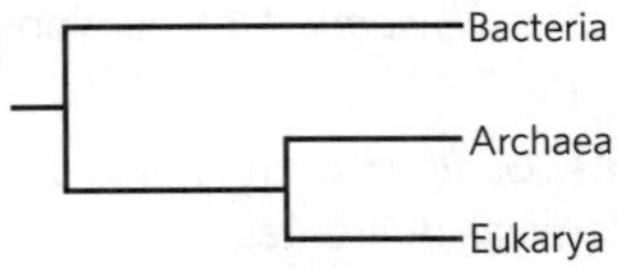

c) 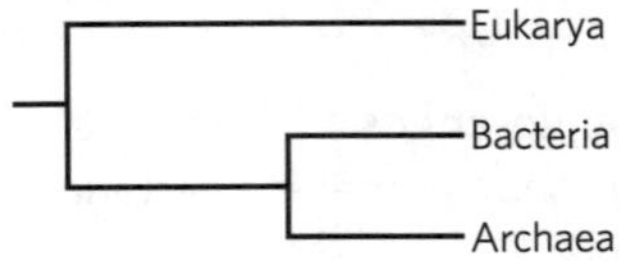

d) 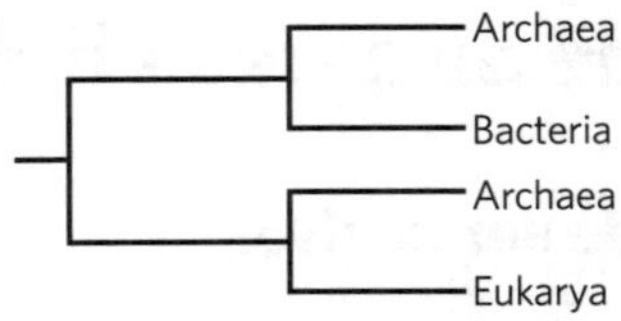

e) 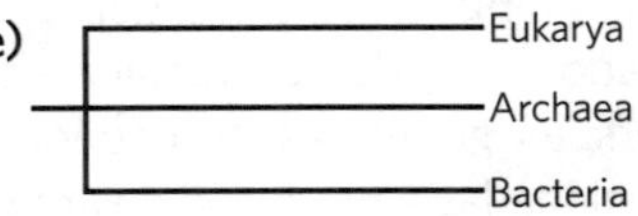

55 (UEL-PR) Os vírus não pertencem a nenhum dos cinco reinos. Pesquisadores se dividem entre aqueles que não os consideram seres vivos, pois não possuem metabolismo próprio, e os que consideram que a capacidade de replicação, a hereditariedade e a evolução já são suficientes para considerá-los como tais. Com base nos conhecimentos sobre vírus, considere as afirmativas a seguir.

I. Os vírus são constituídos por uma ou várias moléculas de ácido nucleico, protegidas por uma cápsula de proteína.

II. Os vírus se reproduzem assexuadamente por bipartição, primeiramente duplicando seu material genético e, em seguida, dividindo-se.

III. O vírus do cólera, doença transmitida pela saliva de seus portadores, causa fraqueza muscular progressiva, lesões na pele e nas mucosas.

IV. Os vírus podem ser combatidos por vacinas fabricadas com agentes infecciosos atenuados, que promovem a reação do organismo ao produzir anticorpos específicos.

Assinale a alternativa correta.

a) Somente as afirmativas I e II são corretas.

b) Somente as afirmativas I e IV são corretas.

c) Somente as afirmativas III e IV são corretas.

d) Somente as afirmativas I, II e III são corretas.

e) Somente as afirmativas II, III e IV são corretas.

56 (Uema) Em uma aula experimental, um aluno do curso de ciências biológicas constatou que os cinco organismos analisados apresentavam as características apresentadas na tabela.

	Organismos				
	A	B	C	D	E
Núcleo (carioteca)	Sim	Não	Sim	Sim	Sim
Parede celular	Não	Maioria sim	Alguns representantes	Sim	Sim
Nutrição	Het	Aut/Het	Aut/Het	Het	Aut
Número de células	Plu	Uni	Uni/Plu	Uni/Plu	Plu
Tecidos	Sim	Não	Não	Não	Sim

Het = Heterótrofos / Aut = Autótrofos
Uni = Unicelular / Plu = Pluricelular

Com base na classificação mais recente de reinos, sugerida pelas norte-americanas Karlena Schwartz e Lynn Margulis, os organismos analisados (A, B, C, D e E), nesta ordem, pertencem aos seguintes reinos:

a) Animal, Monera, Proctista, Fungo, Planta.

b) Proctista, Animal, Monera, Fungo, Planta.

c) Animal, Monera, Fungo, Planta, Proctista.

d) Monera, Proctista, Fungo, Planta, Animal.

e) Proctista, Monera, Animal, Fungo, Planta.

Procariontes

57 (OBB) Estão relacionados a seguir algumas doenças e seus agentes etiológicos:

Doença	Agente etiológico
1 - influenza	Vírus
2 - mononucleose	Vírus
3 - raiva	Vírus
4 - febre tifoide	Bactéria
5 - difteria	Bactéria
6 - febre maculosa	Bactéria

Estão corretas:

a) 1, 2, 3, 4, 5 e 6.

b) 1, 4, 5 e 6.

c) 2, 3, 4 e 5.

d) 1, 3, 5 e 6.

e) 2, 3 e 6.

58 (PUC-PR) Em outubro de 2010, a Anvisa, após alguns hospitais brasileiros sofrerem com um surto da bactéria "KPC", resolveu proibir a venda de antibióticos sem receita médica pelas farmácias. Com a nova regra, a receita médica para antibióticos ficará retida na farmácia junto com os dados do comprador. A validade da receita é de 10 dias, o que obriga o paciente a procurar novamente o médico em casos de persistência da doença.

Um dos objetivos da regra é mudar o hábito do brasileiro de se automedicar, uma vez que o uso indiscriminado de antibióticos pode provocar

a) a resistência microbiana, a qual pode tornar a bactéria resistente ao medicamento, uma vez que o uso indiscriminado de antibióticos pode induzir novas formas de bactérias.

b) a aquisição de resistência por indução de componentes antimicrobianos; com isso, as bactérias geram cepas capazes de suportar os antibióticos.

c) a resistência microbiana desencadeada pela indução de formas genéticas modificadas pela troca de pequenos plasmídeos (plasmídeo R) encarregados de levarem consigo genes que permitem a resistência antimicrobiana.

d) a necessidade de mudança por parte da população bacteriana, que se torna resistente por alterações genéticas impostas pelo uso dos antibióticos.

e) a redução da eficácia dos antibióticos devido à seleção de organismos resistentes.

Protozoários

59 (Fuvest-SP) Analise a tirinha.

A Fadinha não concretizou o desejo do personagem Vírus, pois, de acordo com a classificação biológica, as amebas não estão incluídas no reino animal.

a) Que característica das amebas as inclui em um reino diferente daquele dos animais?

b) Nos vírus, o material genético encontra-se no interior de uma cápsula proteica. Onde está localizado o material genético das amebas?

c) Os vírus apresentam hábito parasita obrigatório. Como são as amebas, quanto a seu hábito?

d) Amebas conseguem sobreviver em meio hipotônico em relação ao seu citoplasma? Justifique sua resposta.

60 (Uepa) Leia o texto para responder à questão.

A ideia de utilizar organismos vivos e elementos químicos como instrumentos bélicos não é nova. Ao que tudo indica a criatividade, uma incrível faculdade humana, trabalha há muito tempo a serviço da maldade. Desde o século XIV, na época em que a peste bubônica eliminou quase um quarto da população europeia, cadáveres humanos eram catapultados para dentro dos muros das cidades para causar contaminações. Entre os organismos patogênicos causadores de doença destacam-se os pertencentes aos grupos de Vírus, Monera e Protistas.

Texto Modificado de Bio, Sonia Lopes, 2008.

Quanto aos grupos destacados no texto, assinale a alternativa que contempla as características de cada grupo, respectivamente:

a) presença de capsídeo; ausência de carioteca; são autótrofos e heterótrofos.

b) presença de capsídeo; são pluricelulares filamentosos; presença de nucleoide.

c) são unicelulares; possuem citoesqueleto; reprodução por esporulação.

d) são unicelulares; ausência de carioteca; reprodução por conjugação.

e) são autótrofos; gram positivo e negativo; nutrição heterotrófica.

61 (UENP-PR) Com relação a algumas protozooses, assinale a afirmativa INCORRETA

a) A amebíase é causada pelo protozoário *Entamoeba hystolitica*, que provoca lesões no intestino humano, podendo até haver eliminação de sangue nas fezes.

b) A doença de Chagas é causada pelo protozoário flagelado *Trypanossoma cruzi*, cujo inseto vetor é o *Triatoma infestans*, conhecido popularmente como barbeiro.

c) A malária é causada por um esporozoário do gênero *Plasmodium*, transmitido ao homem por pernilongos do gênero *Anopheles*.

d) A ingestão de cistos existentes em alimentos ou água contaminados pode provocar a doença giardíase, veiculada pelo agente *Giardia lamblia*.

e) A picada do mosquito-palha (gênero *Phlebotomus*) causa uma doença que se caracteriza por ulcerações na pele, chamada de malária ou úlcera de bauru.

Fungos

62 (PUC-SP) Os fungos são organismos importantes para a humanidade sob vários aspectos. São vilões, quando provocam doenças ou decompõem alimentos armazenados, e mocinhos, quando são utilizados na produção de alimentos. Dentre as diferentes espécies de fungos, é comum encontrar as seguintes características, EXCETO

a) autotrofia.

b) unicelularidade.

c) reprodução sexuada.

d) reprodução assexuada.

63 (Unesp-SP) O cogumelo shimeji (*Pleurotus ostreatus*) aos poucos vai se incorporando à culinária das grandes cidades brasileiras. Encontrado facilmente em supermercados, é usado como principal ingrediente de molhos, refogados, risotos e outros pratos.

Sobre o cogumelo shimeji, foram feitas as assertivas:

1. Trata-se de um fungo, um organismo heterótrofo que não faz fotossíntese e não produz seu próprio alimento.
2. Por ser um fungo, não sintetiza proteínas e carboidratos, tendo baixo valor nutricional.

Sobre essas assertivas, é correto dizer que

a) ambas estão corretas, e a segunda assertiva não é consequência da primeira, uma vez que a fotossíntese não é condição para a síntese de proteínas.

b) ambas estão erradas, pois os fungos são organismos autótrofos que sintetizam seu próprio alimento, são ricos em carboidratos e proteínas e têm grande valor nutricional.

c) a primeira está errada e a segunda está correta, pois, embora sejam fungos e não realizem fotossíntese, os cogumelos são autótrofos e sintetizam seu próprio alimento.

d) ambas estão corretas, e a segunda delas é consequência da primeira, uma vez que organismos que não fazem fotossíntese não sintetizam proteínas e carboidratos.

e) a primeira está correta e a segunda está errada, uma vez que, embora não realizem fotossíntese, os fungos sintetizam proteínas e carboidratos.

64 (UPM-SP) A presença de liquens em uma região é um testemunho da boa qualidade do ar. Sua ausência pode indicar que o ar está poluído. Eles são sensíveis aos poluentes porque não são capazes de excretar as substâncias tóxicas absorvidas.

A respeito dos liquens, é correto afirmar que são formados por dois tipos de indivíduos:

a) autótrofos.

b) heterótrofos.

c) um autótrofo e outro heterótrofo.

d) procariontes.

e) decompositores.

Botânica

Diversidade de plantas

65 (Fuvest-SP) Caminhando por uma floresta, um estudante deparou com diversidade de *habitat* e de grupos de plantas: árvores altas, como a araucária (ou pinheiro-do-paraná), e árvores frutíferas menores, como a pitangueira, ambas crescendo sob pleno sol; também encontrou muitas samambaias nas partes mais sombreadas da floresta; nos locais permanentemente úmidos do solo, havia musgos.

a) Relacione os *habitat* das araucárias e dos musgos com os processos de absorção e condução de água nessas plantas.

b) Na tabela da próxima página, os grupos de plantas estão ordenados de acordo com seu surgimento na evolução das plantas terrestres. Complete a tabela: entre as plantas observadas pelo estudante, identifique representantes dos grupos listados na tabela; aponte uma estrutura que represente novidade evolutiva, diferenciando cada grupo do anterior.

Grupo de plantas	Planta representante	Novidade evolutiva
Briófita		
Pteridófita		
Gimnosperma		
Angiosperma		

66 (Uerj) Algas e musgos possuem diversas características em comum. Uma característica comum a todos os tipos de algas e musgos é a inexistência de:

a) nutrição autotrófica.

b) estruturas pluricelulares.

c) vasos condutores de seiva.

d) reprodução do tipo sexuada.

67 (UFRGS-RS) Considere as seguintes afirmações em relação às traqueófitas.

I. São representadas por grupos como as hepáticas e os musgos, que geralmente crescem em lugares úmidos.

II. Apresentam células condutoras especializadas, denominadas traqueídeos e tubos crivados.

III. Têm sistema vascular que apresenta um tecido condutor, o xilema, com paredes celulares compostas por lignina.

Quais estão corretas?

a) Apenas I.

b) Apenas III.

c) Apenas I e II.

d) Apenas II e III.

e) I, II e III.

68 (Umesp) Atualmente, encontram-se catalogadas mais de 320 mil espécies de plantas, algumas de estruturas relativamente simples, como os musgos, e outras de organizações corporais complexas, como as árvores. Assim sendo, a alternativa que melhor explica a classificação dos vegetais é:

a) gimnospermas: plantas avasculares, com raízes, caule, folhas, flores e frutos, cujas sementes estão protegidas dentro desses frutos. Ex.: arroz.

b) briófitas: plantas de pequeno porte, vasculares, sem corpo vegetativo. Ex.: algas cianofíceas.

c) angiospermas: plantas cujas sementes não se encontram no interior dos frutos. Ex.: pinheiros.

d) gimnospermas: plantas avasculares; possuem somente raízes, caule, plantas de pequeno porte. Ex.: musgo.

e) pteridófitas: plantas vasculares, sem flores; apresentam raízes, caule e folhas; possuem maior porte do que as briófitas. Ex.: samambaias.

Fisiologia das plantas

69 (UnB-DF) Na figura a seguir, a seta indica a estrutura envolvida com

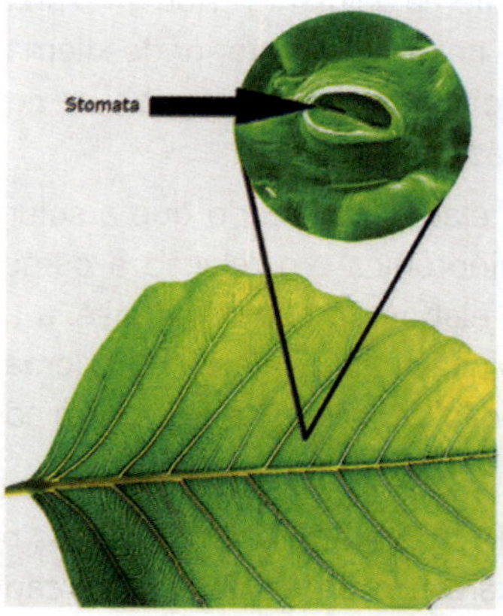

Reprodução/UnB, 2015.

a) o processo de síntese de proteínas e o transporte de íons pelo xilema.

b) o aumento na taxa de transpiração em condições de baixa umidade.

c) a entrada, através da abertura mostrada, de CO_2, para a fotossíntese.

d) o fenômeno da gutação, decorrente de estresse hídrico da planta.

70 (Unesp-SP)

Um experimento simples consiste em mergulhar a extremidade cortada de um ramo de planta de flores com pétalas brancas em uma solução colorida. Após algum tempo, as pétalas dessas flores ficarão coloridas.

Sergio Linhares e Fernando Gewandsznajder. *Biologia hoje*, 2011.

Considere os mecanismos de condução de seiva bruta e seiva elaborada nos vegetais. Nesse experimento, o processo que resultou na mudança da cor das pétalas é análogo à condução de

a) seiva elaborada, sendo que a evapotranspiração na parte aérea da planta criou uma pressão hidrostática positiva no interior do floema, forçando a elevação da coluna de água com corante até as pétalas das flores.

b) seiva bruta, sendo que, por transporte ativo, as células da extremidade inferior do xilema absorveram pigmentos do corante, o que aumentou a pressão osmótica nas células dessa região, forçando a passagem de água com corante pelo xilema até as células das pétalas das flores.

c) seiva elaborada, sendo que, por transporte ativo, as células adjacentes ao floema absorveram a sacarose produzida nas pétalas da flor, o que aumentou a pressão osmótica nessas células, permitindo que, por osmose, absorvessem água com corante do floema.

d) seiva bruta, sendo que a evapotranspiração na parte aérea da planta criou uma pressão hidrostática negativa no interior do xilema, forçando a elevação da coluna de água com corante até as pétalas das flores.

e) seiva elaborada, sendo que a solução colorida era hipotônica em relação à osmolaridade da seiva elaborada e, por osmose, a água passou da solução para o interior do floema, forçando a elevação da coluna de água com corante até as pétalas das flores.

71 (PUC-SP) O metabolismo de certos microrganismos gera elétrons que podem ser capturados por eletrodos e utilizados na geração de energia elétrica. Alguns desses microrganismos vivem no solo próximo às raízes das plantas, beneficiando-se de produtos orgânicos sintetizados durante a fotossíntese e incorporados ao solo pelas raízes. Um grupo de pesquisadores peruanos desenvolveu um sistema de captação dos elétrons provenientes do metabolismo de geobactérias, composto de eletrodos inseridos em uma placa que recebe esses elétrons e gera um fluxo de corrente elétrica que será armazenada em uma bateria. Essa energia é suficiente para manter o funcionamento de uma lâmpada LED por até duas horas diárias, o que é particularmente útil para populações humanas que não têm acesso algum à energia elétrica. Nesse contexto, considere o gráfico a seguir.

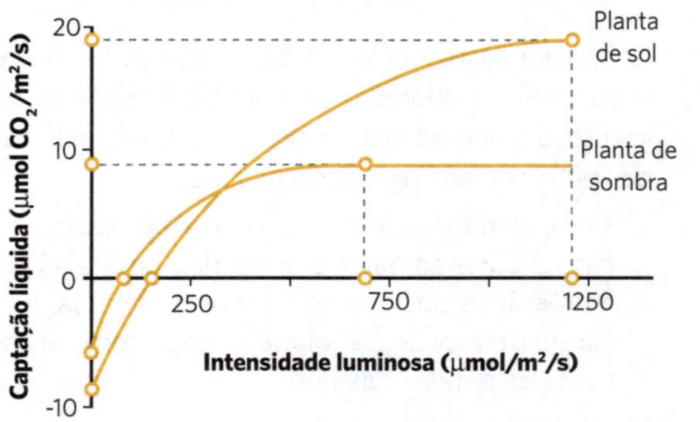

Fonte: <https://fluence.science/science/photosynthesis-guide/>

Supondo que o abastecimento das geobactérias pelas raízes das plantas seja proporcional à produtividade na fotossíntese, assinale a alternativa CORRETA.

a) Uma planta de sol é a melhor escolha para abastecer o sistema, pois seu ponto de compensação fótico é inferior ao de uma planta de sombra.

b) O armazenamento de energia na bateria que mantém a luz acesa será inversamente proporcional à captação líquida diária de CO_2, seja a planta de sol ou de sombra.

c) Uma planta de sombra associada ao sistema começa a gerar produtos da fotossíntese que serão utilizados pelas geobactérias em intensidades luminosas menores que uma planta de sol.

d) A quantidade de produtos derivados da fotossíntese fornecidos às geobactérias será o mesmo, seja a planta de sol ou de sombra, pois ambas atingem um ponto de saturação luminosa.

72 (Udesc) A luminosidade é um fator de grande influência no crescimento dos caules pois, normalmente, eles têm um crescimento em direção à luz, o chamado fototropismo positivo.

Assinale a alternativa que contém o nome do principal hormônio vegetal envolvido no fototropismo positivo dos caules.

a) noradrenalina

b) citosina

c) giberelinas

d) auxina

e) etileno

Reprodução das angiospermas

73 (UFRGS-RS) Assinale a alternativa que preenche corretamente as lacunas do enunciado abaixo, na ordem em que aparecem.

Em angiospermas, os óvulos desenvolvem-se em ______ e a parede do ovário participa da formação do ______ .

a) sementes - fruto

b) oosfera - embrião

c) núcleos polares - endosperma

d) embrião - zigoto

e) núcleos triploides - endosperma

74 (UFSCar-SP) O ipê-amarelo (*Tabebuia chrysotricha*) é usualmente considerado árvore símbolo do Brasil. É uma planta bastante ornamental, que pode ser utilizada na arborização de jardins, praças públicas, ruas e avenidas. Suas flores chamam bastante atenção pela cor amarela intensa. Além das flores, outra característica exclusiva do grupo vegetal ao qual pertence o ipê-amarelo é

a) possuir tecidos condutores de seiva mineral e seiva orgânica.

b) produzir grãos de pólen a partir dos quais se formam tubos polínicos.

c) realizar dupla-fecundação, que gera o embrião e o endosperma.

d) apresentar ciclo de vida com alternância entre as gerações haploide e diploide.

e) depender da água da chuva para que haja o encontro dos gametas.

75 (Fuvest-SP) O pinhão, estrutura comestível produzida por pinheiros da espécie *Araucaria angustifolia*, corresponde a que parte da planta?

a) Cone (estróbilo) masculino repleto de pólen.

b) Cone (estróbilo) feminino antes da fecundação.

c) Fruto simples sem pericarpo.

d) Folha especializada no acúmulo de substâncias de reserva.

e) Semente envolta por tegumento.

76 (Unicamp-SP) Segundo o modelo que determina a identidade de órgãos florais, os genes estão arranjados em três regiões sobrepostas, e cada região compreende dois verticilos adjacentes. Uma combinação única de genes determina a identidade do verticilo (imagem I). Se, por exemplo, a região de atividade B é ausente, os verticilos serão especificados apenas pelas regiões de atividade A e C, e a flor conterá apenas sépalas e carpelo (imagem II).

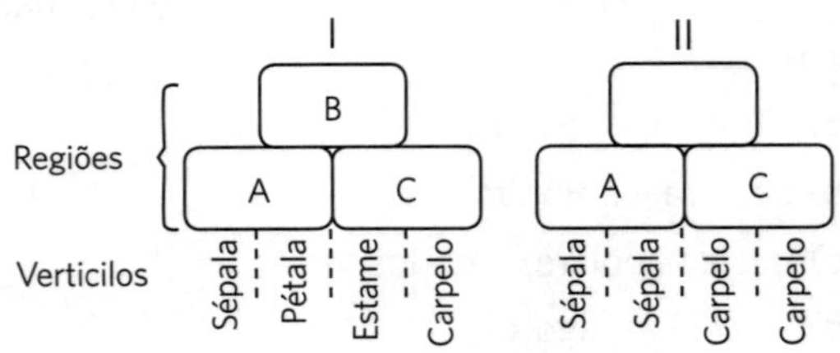

Assinale a alternativa correta.

a) Na presença de genes apenas nas regiões A e C, a flor produzirá pólen.

b) Na presença de genes apenas nas regiões A e B, a flor dará origem a um fruto.

c) Na ausência de genes na região B, a autofecundação na flor é possível.

d) Na ausência de genes na região A, a flor será menos visitada por polinizadores.

Zoologia

Diversidade de animais

77 (Unesc-RO) Os processos constituintes do desenvolvimento embrionário animal: divisões iniciais do zigoto, uma esfera maciça de blastômeros, um embrião com cavidade, um embrião com cavidade e que sofre uma invaginação dando origem aos folhetos embrionários, e a formação do tubo neural constituem, respectivamente:

a) Mórula, segmentação ou clivagem, blástula, gástrula, nêurula.

b) Blástula, segmentação ou clivagem, mórula, gástrula, nêurula.

c) Segmentação ou clivagem, mórula, blástula, nêurula, gástrula.

d) Segmentação ou clivagem, mórula, blástula, gástrula, nêurula.

78 (FMJ-SP) Leia a tira do cartunista Fernando Gonsales.

(*Folha de S.Paulo*, 12.02.2015.)

Um caranguejo e um caramujo têm em comum

a) sistema circulatório e estruturas excretoras.

b) simetria bilateral e mandíbula.

c) cabeça diferenciada e corpo segmentado.

d) rádula na boca e antenas.

e) exoesqueleto de quitina e tubo digestório completo.

79 (PUC-SP) A ilustração a seguir representa uma filogenia dos artrópodes. Os itens identificados pelas letras A, B e C na filogenia correspondem, respectivamente, a

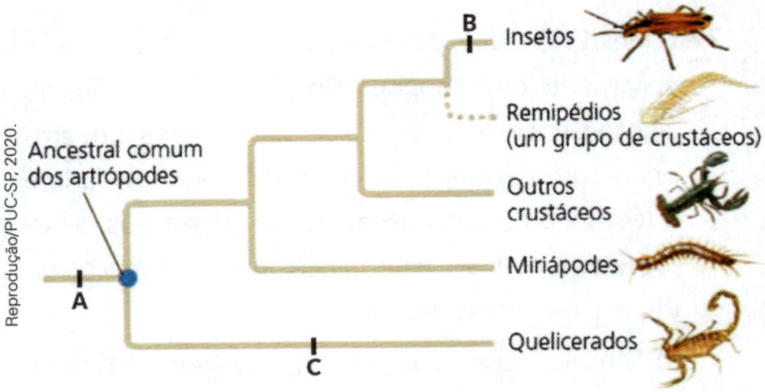

Fonte: Reece e cols. *Biologia de Campbell*. Ed. Artmed, 10. ed., 2015 (adaptado).

a) pulmões foliáceos, cefalotórax e brânquias.

b) quelíceras, antenas e glândulas verdes.

c) sistema traqueal, circulação aberta e antenas.

d) exoesqueleto quitinoso, asas e quatro pares de pernas.

80 (PUC-SP) Considere a seguinte filogenia

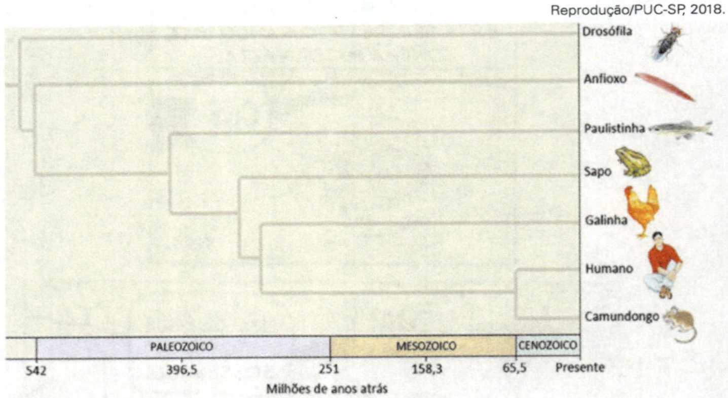

Fonte: Reece e cols. *Biologia de Campbell*. Ed. Artmed, 10. ed., 2015.

De acordo com as informações expressas na filogenia, é CORRETO afirmar que

a) a notocorda é uma estrutura que surgiu há cerca de 542 milhões de anos.

b) a respiração pulmonar nos vertebrados surgiu há mais de 400 milhões de anos.

c) a homeotermia é uma novidade evolutiva surgida no Cenozoico.

d) a coluna vertebral é uma estrutura surgida há cerca de 300 milhões de anos.

Animais: alimentação e nutrição

81 (UFU-MG) Observe o quadro.

Tipo de alimentação	Características	Animal
Por filtragem	Presença de placas semelhantes a pentes, chamadas barbatanas.	I
Em pedaços grandes	Suas adaptações incluem tentáculos, garras, caninos venenosos, mandíbulas e dentes.	II
De substrato	Vivem dentro ou sobre sua fonte de alimento.	III
Líquida (sugação)	Extraem líquidos ricos em nutrientes de um hospedeiro vivo.	IV

Com base nas informações do quadro, assinale a alternativa que apresenta exemplos de animais que, respectivamente, utilizam esses tipos de alimentação.

a) I - baleia; II - serpente; III - lagarta; IV - pernilongo.

b) I - lagarta; II - baleia; III - pernilongo; IV - serpente.

c) I - baleia; II - lagarta; III - serpente; IV - pernilongo.

d) I - pernilongo; II - baleia; III - lagarta; IV - serpente.

Animais: circulação, respiração e excreção

82 (UFRGS-RS)

Níquel Náusea Fernando Gonsales

Fonte: *Zero Hora*, 02 e 03 de julho de 2017.

Considere as seguintes afirmações sobre os animais do segundo quadro.

I. Os crocodilianos e as aves compartilham a sua ancestralidade com os dinossauros.

II. Os crocodilianos são ectotérmicos e dependem de fontes de calor externas.

III. As aves apresentam coração com dois átrios e dois ventrículos completamente separados.

Quais estão corretas?

a) Apenas I.
b) Apenas II.
c) Apenas I e III.
d) Apenas II e III.
e) I, II e III.

83 (Unicamp-SP) Os anfíbios constituem um dos grupos de animais com maior número de espécies ameaçadas de extinção. Entre outras razões, isso ocorre porque eles são suscetíveis à contaminação por substâncias nocivas e à infecção por fungos. Os anfíbios apresentam tal suscetibilidade porque têm:

a) hábitos aquáticos, que os tornam suscetíveis a predadores.
b) pulmões bem desenvolvidos, que acumulam impurezas e fungos.
c) sangue frio, que diminui a atividade de enzimas hepáticas.
d) pele úmida e permeável, que possibilita a respiração cutânea.

Animais: reprodução

84 (PUC-SP) Amniotas são animais que se caracterizam por se desenvolverem a partir de ovos amnióticos. Assinale a alternativa que apresente corretamente um animal amniota e uma membrana especializada encontrada nesses ovos.

	Animal	Membrana
a)	Sapo	Alantoide
b)	Peixe	Saco vitelínico
c)	Lagarto	Córion
d)	Ave	Vitelo

85 (UFRGS-RS) Observe a tira abaixo.

Níquel Náusea Fernando Gonsales

Reprodução/UFRGS, 2019.

Fonte: *Zero Hora*, 07 e 08 de março de 2018.

Assinale com V (verdadeiro) ou F (falso) as afirmações abaixo, referentes aos amniotas.

( ) Seus embriões desenvolvem-se em ambiente aquoso.
( ) Seu ovo permite a passagem de O_2 e CO_2.
( ) Seu líquido amniótico tem como função estocar resíduos metabólicos.
( ) Seu ovo é permeável à água, ocasionando a perda da gema nos mamíferos.

A sequência correta de preenchimento dos parênteses, de cima para baixo, é

a) F - V - V - V.
b) V - F - V - F.
c) V - F - F - V.
d) F - F - V - F.
e) V - V - F - F.

86 (Uece) A evolução do sistema reprodutor dos vertebrados é paralela à conquista do ambiente terrestre. Sobre a reprodução dos vertebrados, é correto afirmar que

a) a fecundação externa, que é uma vantagem para a sobrevivência dos animais no ambiente terrestre, é encontrada em anfíbios e aves.
b) os anfíbios, primeiros vertebrados a viver em ambiente terrestre, contornaram o problema retornando à água para reproduzirem-se por meio da fecundação interna.
c) os mamíferos utilizam a fecundação interna, mas, com exceção dos monotremados, não possuem ovos com cascas.
d) os vivíparos como insetos, répteis e aves protegem seus ovos da dessecação, com uma robusta membrana à prova d'água ou uma casca.

Genética

Primeira lei de Mendel e probabilidade

87 (Fuvest-SP) Uma alteração genética é determinada por um gene com herança autossômica recessiva. O heredograma mostra famílias em que essa condição está presente.

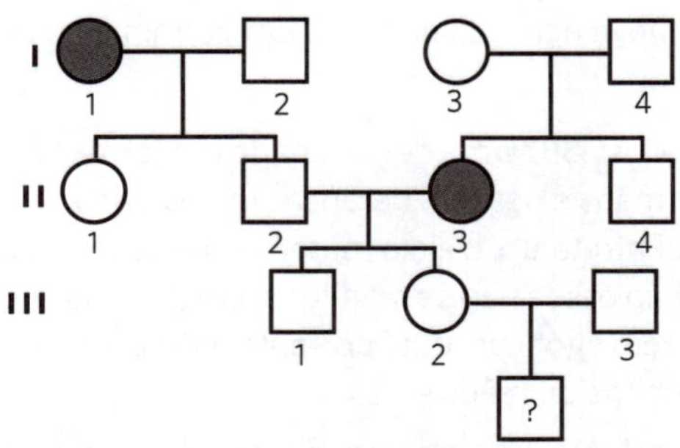

O casal III2 e III3 está esperando um menino. Considerando que, nessa população, uma em cada 50 pessoas é heterozigótica para essa alteração, a probabilidade de que esse menino seja afetado é

a) 1/100
b) 1/200
c) 1/1 000
d) 1/25 000
e) 1/40 000

88 (PUC-SP) O ator Peter Dinklage, que interpretou o anão Tyrion Lannister, na série de TV *Game of Thrones,* apresenta uma forma de nanismo conhecida como acondroplasia. A acondroplasia é uma condição genética de herança autossômica dominante. Os pais de Peter, assim como seu irmão, sua esposa e sua filha têm estatura normal, como representado no heredograma a seguir. Considerando essas informações, é CORRETO afirmar que

Reprodução/PUC-SP, 2020.

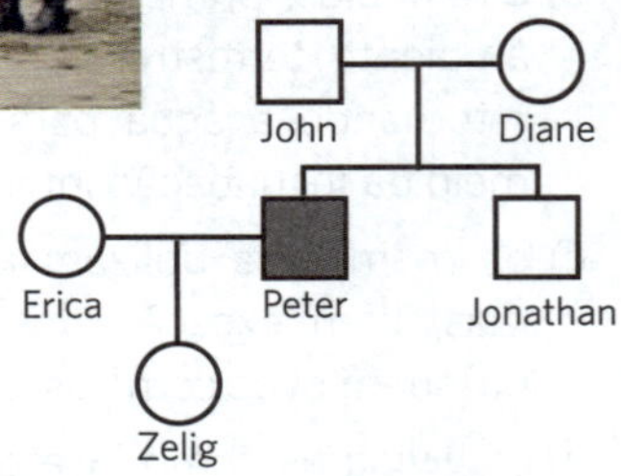

a) quando se casar, a filha de Peter, Zelig, terá chance de 50% de gerar um descendente com acondroplasia.

b) dentre os descendentes de Jonathan, irmão de Peter, somente aqueles do sexo masculino poderiam ser acondroplásicos.

c) foi graças à contribuição genética de Erica, e não de Peter, que Zelig é uma pessoa de estatura normal.

d) a condição de Peter resultou de uma mutação nova ocorrida na linhagem germinativa de John ou Diane.

89 (Fuvest-SP) Uma determinada malformação óssea de mãos e pés tem herança autossômica dominante. Entretanto, o alelo mutante que causa essa alteração óssea não se manifesta em 30% das pessoas heterozigóticas, que, portanto, não apresentam os defeitos de mãos e pés.

Considere um casal em que a mulher é heterozigótica e apresenta essa alteração óssea, e o homem é homozigótico quanto ao alelo normal.

a) Que genótipos podem ter as crianças clinicamente normais desse casal? Justifique sua resposta.

b) Qual é a probabilidade de que uma criança que esse casal venha a ter não apresente as alterações de mãos e pés? Justifique sua resposta.

90 (Uerj) Considere o cruzamento de um bode sem chifres com três cabras. Em cada cruzamento, foi gerado apenas um filhote. Observe os dados na tabela:

Cabra	Presença de chifres	
	Na cabra	No filhote
1	sim	não
2	sim	sim
3	não	sim

Admita que a ausência de chifres em caprinos seja uma característica monogênica dominante.

Utilizando as letras **A** e a para representar os genes envolvidos, determine os genótipos do bode e das três cabras.

Alelos múltiplos e grupos sanguíneos

91 (FMJ-SP) Analise o heredograma que mostra alguns parentes de Rafael e Aline, com seus respectivos tipos sanguíneos

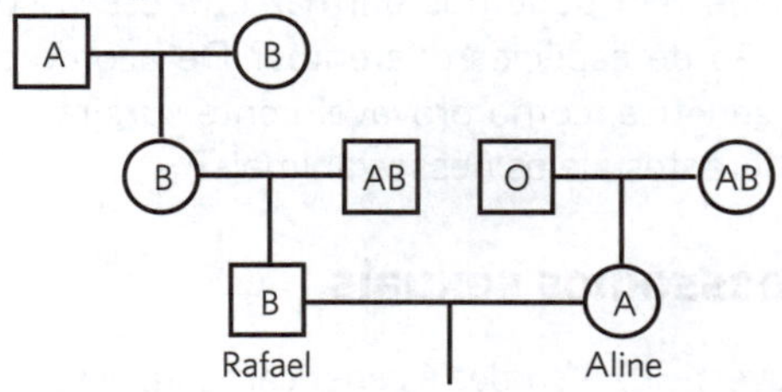

A probabilidade de Rafael e Aline gerar uma filha do tipo sanguíneo **O** é de

a) 1/12.

b) 1/9.

c) 1/4.

d) 1/2.

e) 1/16.

92 (FASM-SP) No heredograma estão indicados os tipos sanguíneos de alguns indivíduos de uma família de acordo com os sistemas ABO e Rh.

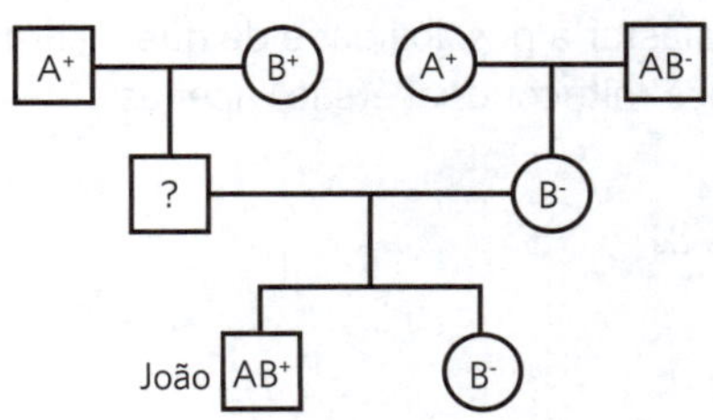

a) Considerando que o pai de João apresenta somente aglutininas **anti-B** no plasma, qual o seu tipo sanguíneo quanto ao sistema ABO? Qual a probabilidade de João ter uma irmã com tipo sanguíneo **O**?

b) Considere que João nasceu com eritroblastose fetal e que sua mãe esteja grávida. Explique por que existe a possibilidade de o futuro irmão de João também apresentar a eritroblastose fetal.

93 (FASM-SP) As imagens mostram alguns fenótipos em coelhos. Sabe-se que o alelo **C** determina a pelagem selvagem, o alelo $\mathbf{c^{ch}}$ determina pelagem chinchila, o alelo $\mathbf{c^{h}}$ determina a pelagem himalaia e o alelo $\mathbf{c^{a}}$ determina a pelagem albina. A ordem de dominância entre eles é $\mathbf{C} > \mathbf{c^{ch}} > \mathbf{c^{h}} > \mathbf{c^{a}}$.

Reprodução/FASM, 2016.

a) Considere o cruzamento entre um macho $\mathbf{Cc^{ch}}$ e uma fêmea $\mathbf{c^{h}c^{a}}$. Quais os possíveis fenótipos dos descendentes desse cruzamento?

b) Embora sejam fenotipicamente diferentes, por que não podemos afirmar que esses coelhos são de espécies diferentes? De acordo com a genética, como provavelmente surgiram os diferentes alelos nesses animais?

Cromossomos sexuais

94 (Fuvest-SP) A surdez é geneticamente heterogênea: pode ser causada por mutações em diferentes genes, localizados nos autossomos ou no cromossomo **X** ou, ainda, por mutações em genes mitocondriais. Os heredogramas representam quatro famílias, em que ocorrem pessoas com surdez (● e ■).

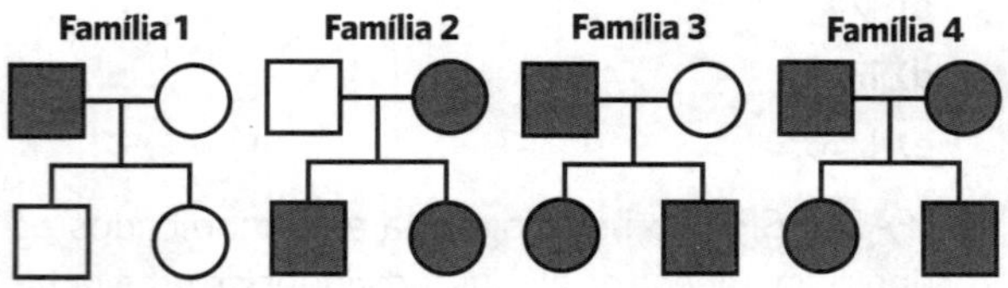

A(s) família(s) em que o padrão de herança permite afastar a possibilidade de que a surdez tenha herança mitocondrial é(são) apenas

a) 1.

b) 2 e 3.

c) 3.

d) 3 e 4.

e) 4.

95 (UEL-PR) Lorenzo foi diagnosticado com Doença de Huntington (DH), uma doença autossômica dominante que promove a degeneração gradativa do cérebro humano. O heredograma a seguir mostra a presença da doença ao longo das gerações na família de Lorenzo.

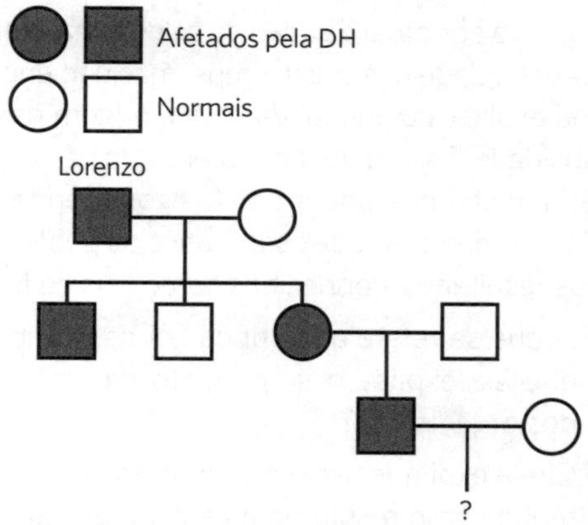

Com base no texto, no heredograma e nos conhecimentos sobre o tema, responda aos itens a seguir.

a) Marcos, o neto de Lorenzo, casou-se e quer ter duas filhas. Qual é a probabilidade de Marcos ter uma filha afetada pela DH e, a seguir, uma filha normal? Explique como chegou a essa conclusão.

b) Assim como a DH, a hemofilia é uma doença genética humana transmitida ao longo das gerações. Na hemofilia, a proporção de indivíduos do sexo masculino afetados pela doença é maior que a proporção de indivíduos do sexo feminino. Considerando o padrão de herança da hemofilia, explique por que ocorre essa diferença na proporção de indivíduos afetados pela doença.

96 (Uerj) No heredograma a seguir, pode-se verificar a ocorrência de uma determinada síndrome genética.

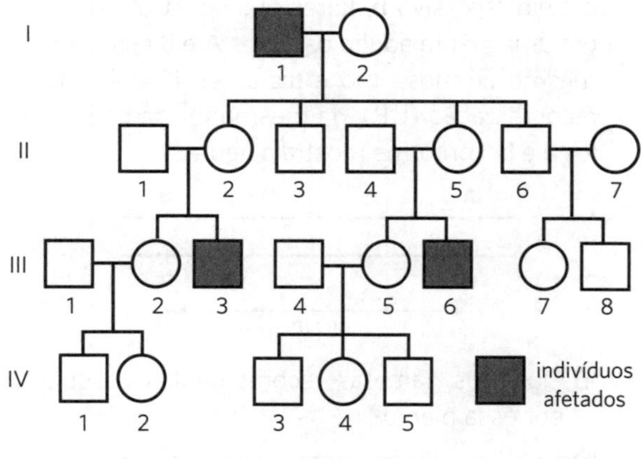

Identifique os tipos de herança genética associados a essa síndrome em relação a dois fatores: padrão de dominância e sexo. Em seguida, cite duas características representadas no heredograma que explicam esses tipos de herança genética.

Segunda lei de Mendel e ligação gênica

97 (Unifesp) Charles Darwin explicou o mecanismo evolutivo por meio da ação da seleção natural sobre a variabilidade dos organismos, mas não encontrou uma explicação adequada para a origem dessa variabilidade. Essa questão, no entanto, já havia sido trabalhada anos antes por Gregor Mendel e, em 2015, comemoram-se os 150 anos da publicação de seus resultados, conhecidos como Leis de Mendel.

a) A que se refere a Segunda Lei de Mendel? Por que ela explica o surgimento da variabilidade dos organismos?

b) Cite e explique um outro processo que também tenha como resultado a geração de variabilidade no nível genético.

98 (FMJ-SP) Certa espécie de roedor possui um alelo **A** que determina a cor amarela dos pelos e que, em homozigose, é letal na fase embrionária. O alelo **a** determina a cor aguti dos pelos. Em outro *locus*, o alelo **B** determina a cor negra dos olhos e o alelo **b**, a cor mel dos olhos. Tais *loci* segregam-se de maneira independente.

a) Indique possíveis genótipos de um animal aguti e de olhos negros. Indique o fenótipo de um animal **Aabb**.

b) Considere o cruzamento **AaBb** × **AaBb** e determine a probabilidade de nascer um macho aguti com olhos cor de mel. Apresente os cálculos.

99 (Unifesp) Em tomateiros, o alelo dominante **A** condiciona frutos vermelhos e o alelo recessivo **a** condiciona frutos amarelos.

O alelo dominante **B** condiciona flores amarelas e o alelo recessivo **b**, flores brancas. Considere que em uma planta adulta os alelos **A** e **B** estão em um mesmo cromossomo e distantes 15 unidades de recombinação (UR), da mesma forma que os alelos **a** e **b**, conforme mostra a figura.

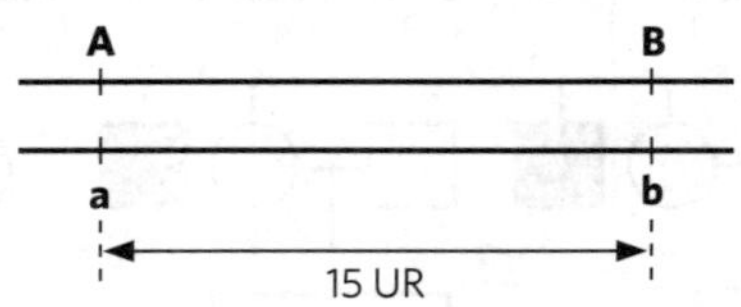

a) Quais os gametas recombinantes produzidos por essa planta?

b) Qual a porcentagem esperada de gametas recombinantes produzidos por essa planta? Do cruzamento dessa planta com uma planta duplo-homozigótica recessiva foram geradas 1000 sementes. Quantas sementes originarão plantas com frutos vermelhos e flores brancas?

100 (Unesp-SP) Um homem de genótipo **AaBb** em arranjo *cis* teve um filho com uma mulher duplo-homozigótica dominante para estes genes autossômicos. O gene **A** está distante 8 unidades de recombinação (UR) de **B**.

Há menor probabilidade de o genótipo dessa criança ser

a) **AaBB** ou **AaBb**.

b) **AABB** ou **AABb**.

c) **AABB** ou **AaBB**.

d) **AABb** ou **AaBb**.

e) **AABb** ou **AaBB**.

Interação gênica e pleiotropia

101 (Uerj) Admita uma raça de cães cujo padrão de coloração da pelagem dependa de dois tipos de genes. A presença do alelo **e**, recessivo, em dose dupla, impede que ocorra a deposição de pigmento por outro gene, resultando na cor dourada. No entanto, basta um único gene **E**, dominante, para que o animal não tenha a cor dourada e exiba pelagem chocolate ou preta. Caso o animal apresente um alelo **E** dominante e, pelo menos, um alelo **B** dominante, sua pelagem será preta; caso o alelo **E** dominante ocorra associado ao gene **b** duplo recessivo, sua coloração será chocolate. Observe o esquema.

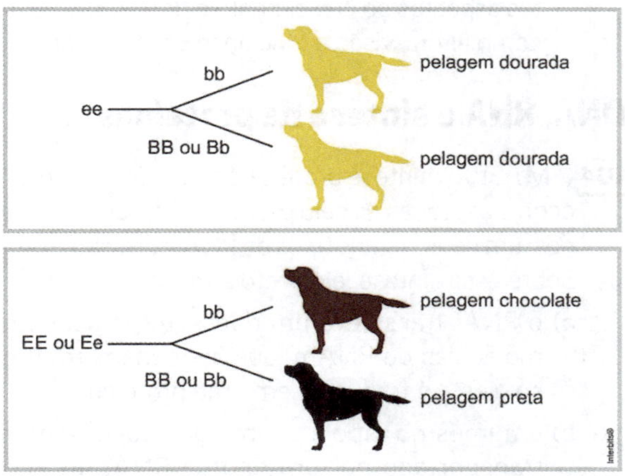

Reprodução/UERJ, 2016.

Identifique o tipo de herança encontrada no padrão de pelagem desses animais, justificando sua resposta.

Em seguida, indique o genótipo de um casal de cães com pelagem chocolate que já gerou um filhote dourado. Calcule, ainda, a probabilidade de que esse casal tenha um filhote de pelagem chocolate.

102 (Unifipa-SP) Em uma variedade de milho diploide, o comprimento da espiga é determinado por dois genes, **A** e **B**, com efeito aditivo e segregação independente. Plantas que apresentam apenas genes dominantes produzem espigas de 20 cm de comprimento. Plantas que apresentam apenas genes recessivos produzem espigas de 12 cm de comprimento. O cruzamento entre uma planta **AAbb** e outra **Aabb** resultará, após o plantio das sementes, em um milharal que produzirá espigas de

a) 14 cm e 16 cm em quantidades equivalentes.
b) 16 cm e 18 cm em quantidades equivalentes.
c) 20 cm em menor quantidade.
d) 12 cm em maior quantidade.
e) 18 cm em maior quantidade.

103 (Uece) Assinale a opção que corresponde à correta descrição de um caso de pleiotropia.

a) A acondroplasia é uma forma de nanismo humano, condicionada por um alelo dominante **D**, e nunca foram encontrados indivíduos homozigotos dominantes (**DD**).
b) Em um cruzamento entre dois camundongos amarelos heterozigotos observou-se uma prole de camundongos amarelos e marrons em uma taxa de 2:1 e não de 3:1.
c) O gene que determina a cor da pelagem de coelhos apresenta quatro formas alélicas: **C**, **cch**, **ch** e **c**.
d) A síndrome de Marfan é causada por uma mutação em somente um gene, no entanto afeta muitos aspectos do crescimento e desenvolvimento, como altura, visão e funcionamento cardíaco.

DNA, RNA e síntese de proteínas

104 (FMJ-SP) A síntese proteica é um mecanismo que ocorre em todas as células. Para isso, são necessários: um gene, alguns tipos de RNA e um ribossomo. Sobre essa síntese, é correto afirmar que

a) o RNAt transcreve um ribossomo o qual atrai moléculas de RNAm, que se reúnem em uma só e esta é traduzida em uma proteína.
b) um mesmo tipo de aminoácido é sempre transportado por um tipo de RNAt até o ribossomo, que traduz apenas uma molécula de RNAm por vez.
c) as proteínas são atraídas por um RNAt e este as conduz até um ribossomo, que organiza e libera uma proteína por vez de acordo com o comando de um RNAm.
d) vários tipos de aminoácidos são atraídos para um tipo de RNAt e este os distribui a um ribossomo, que pode traduzir várias moléculas de RNAm.
e) cada RNAt conduz um tipo de proteína até o RNAm, que é responsável pela síntese de um ribossomo.

105 (UCSC-SP) O diagrama ilustra os 64 códons possíveis com suas respectivas correspondências no mecanismo celular de tradução.

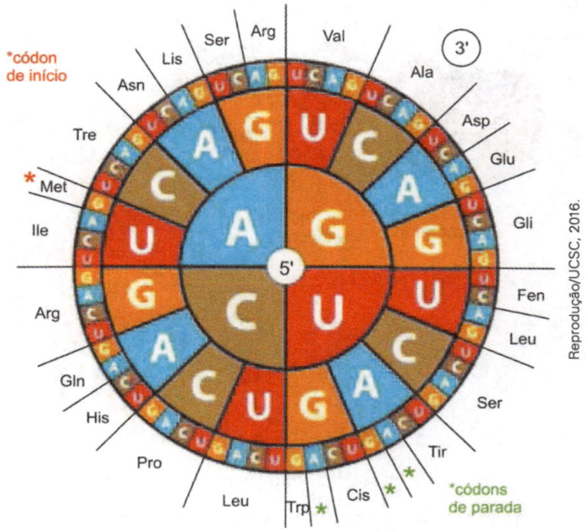

a) O que é um códon? Em quais moléculas está presente?

b) Explique a propriedade de degeneração do código genético, utilizando o aminoácido valina (Val) como exemplo.

106 (PUC-RJ) A figura abaixo representa um gene eucariótico de uma determinada enzima. "A" é a região promotora do gene; "B" e "D" são éxons; e "C" é um íntron.

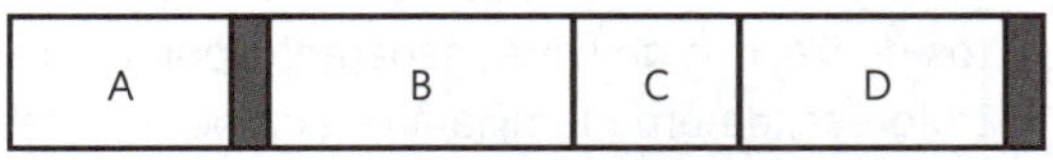

a) Das partes assinaladas, quais são codificadoras, ou seja, quais contêm informações que vão fazer parte do transcrito final e da proteína? Explique.

b) Alguns indivíduos possuem uma mutação em "A", o que gera uma atividade enzimática reduzida. Entretanto, não existem diferenças estruturais entre as enzimas codificadas pelos genes com e sem esta mutação. Como tal fato pode ser explicado?

Biotecnologia

107 (Unesp-SP) A vacina de DNA é composta por um plasmídeo que carrega um gene de interesse que codifica um antígeno. A administração da vacina pode ser com seringa, via intramuscular, ou pelo sistema *gene gun*, que consiste no disparo sobre a pele de microesferas metálicas recobertas com os plasmídeos modicados. Uma vez na célula, o gene é expresso no plasmídeo.

Reprodução/UNESP, 2019.

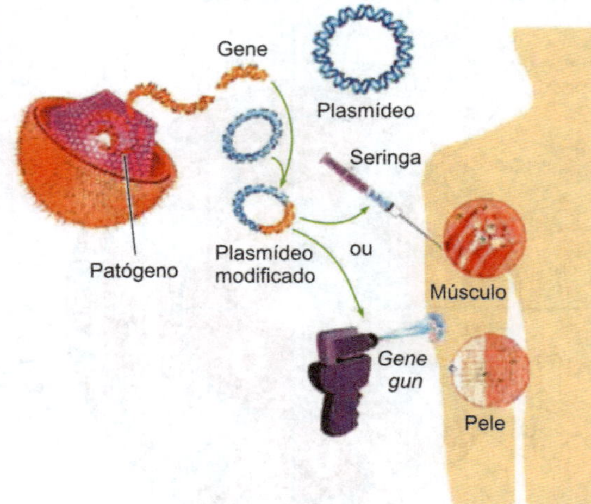

(http://pontobiologia.com.br. Adaptado)

a) De quais organismos os plasmídeos são obtidos? Que moléculas biológicas são empregadas no corte dos plasmídeos para a inserção do gene de interesse?

b) Por que é necessário que o plasmídeo modificado entre no núcleo da célula para que a vacina funcione e promova a resposta imunológica?

108 (Uerj) Determinadas sequências de DNA presentes no material genético variam entre os indivíduos. A análise dessa variação possibilita, por exemplo, a identificação dos pais biológicos de uma criança. Considere os esquemas a seguir de sequenciamentos de trechos de DNA, separados por gel de eletroforese, de uma família formada por um casal e quatro filhos.

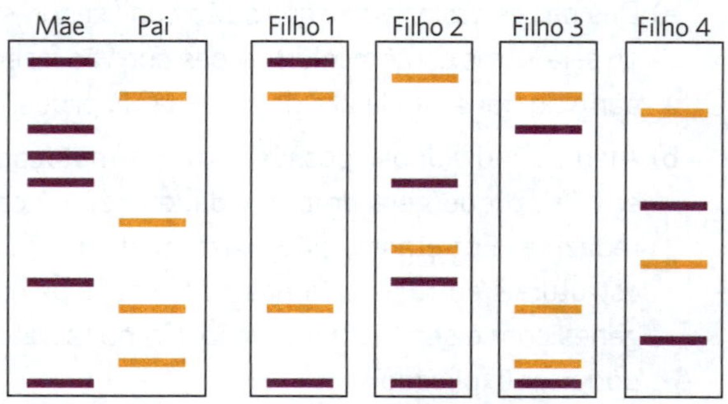

Com base nos sequenciamentos, o filho biológico dessa mãe com pai diferente do apresentado é o de número:

a) 1

b) 2

c) 3

d) 4

109 (Unesc-RO) A biotecnologia prevê a utilização de células vivas para produzir materiais de utilidade aos humanos como alimentos e medicamentos. A biotecnologia clássica refere-se ao uso de microrganismos como os fermentadores para obtenção de alimentos como o queijo e o pão. Com o avanço do conhecimento científico, outras técnicas permitiram modificações controladas no material genético de espécies, permitindo, por exemplo, o desenvolvimento de novas variedades de plantas. Sobre as aplicações da biotecnologia, marque V para as afirmativas verdadeiras e F para as falsas.

( ) A insulina utilizada para estimular a captação de glicose do sangue em paciente com diabete dependente de insulina, as proteínas vacinais que previnem doenças infecciosas e o fator estimulador de colônias que estimula a produção de células brancas do sangue em pacientes com câncer e AIDS são produtos da biotecnologia para uso medicinal.

( ) A tecnologia de DNA recombinante permitiu a melhoria da adaptação ao meio mediante genes para tolerância de plantas à seca, controle de pragas dos cultivos por meio de tecnologias de resistência a organismos como bactérias, fungos e insetos.

( ) A biotecnologia pode ser aplicada em animais, como é o caso do salmão, que é o primeiro animal transgênico liberado para consumo humano e o mosquito transgênico *Aedes aegypti* para combater a proliferação do vírus da dengue.

Assinale a sequência correta.

a) V, V, F
b) V, V, V
c) F, F, V
d) F, F, F

Saúde e fisiologia humana

Saúde e qualidade de vida

110 (Fuvest-SP)

Óbitos por cepas de bactérias resistentes a antibióticos vêm crescendo. Um estudo do governo britânico estima que, em escala global, os óbitos por cepas resistentes já cheguem a 700 mil por ano. E as coisas têm piorado. Além das bactérias, já estão surgindo fungos resistentes, como a *Candida auris*.

Qualquer solução passa por um esforço multinacional de ações coordenadas. O crescente número de governos isolacionistas e até antidarwinistas não dá razões para otimismo. Há urgência. O estudo britânico calcula que, se nada for feito, em 2050, as mortes por infecções resistentes chegarão a 10 milhões ao ano.

Hélio Schwartsman, "Mortes anunciadas". *Folha de S.Paulo*, Abril/2019. Adaptado.

O autor expressa preocupação com o fato de que as soluções para o problema apontado passam por um esforço multinacional, em face ao crescente número de governos isolacionistas, porque

a) áreas de menor índice de desenvolvimento socioeconômico são as únicas atingidas devido à falta de recursos empregados em saúde e educação.

b) as cepas resistentes surgem exclusivamente nos países que se negam a aderir a acordos sanitários comuns, constituindo ameaças globais.

c) desafios atuais em meio ambiente e saúde são globais e soluções dependem da adesão de cada país aos protocolos internacionais.

d) o comércio internacional é o principal responsável por espalhar doenças nesses países, tornando-os vulneráveis, apesar de os programas de vacinação terem alcance mundial.

e) a pesquisa nesta área é de âmbito nacional e, portanto, novas drogas não terão alcance mundial, mas apenas regional.

111 (Unesc-RO) A Organização Mundial de Saúde (OMS) descreve o termo Saúde como "um estado de completo bem-estar físico, mental e social". Sobre o bem-estar físico, a saúde está associada a uma alimentação correta, higiene pessoal, habitações e ambiente público. Enquanto o termo doença refere-se a uma interrupção, parada ou desordem de um órgão ou das funções corporais de um organismo. As doenças físicas podem ser atenuadas a partir de cuidados com o ambiente público e medidas preventivas. Em uma cidade foram tomadas medidas preventivas visando à redução de algumas doenças. A respeito da relação entre medidas tomadas e doenças, numere a coluna da direita de acordo com a da esquerda.

1 - Vacinação

2 - Saneamento básico

3 - Campanhas de estímulo à higiene pessoal

4 - Campanhas para higiene de alimentos

( ) Cárie e cistite.

( ) Sarampo e febre amarela.

( ) Giardíase e ascaridíase.

( ) Hepatite A e dengue.

Assinale a sequência correta.

a) 2, 3, 1, 4
b) 4, 2, 3, 1
c) 1, 4, 2, 3
d) 3, 1, 4, 2

112 (PUC-SP) O número de casos de doenças de Chagas, no Brasil, aumentou significativamente nos últimos anos, especialmente em estados da região Norte do país. Pesquisadores acreditam que o aumento no consumo de açaí fresco, nessa região, seja um dos responsáveis por esse crescimento. O armazenamento precário das frutas após a colheita, associado à falta de higiene das mesmas, tem favorecido a contaminação dos consumidores locais.

O armazenamento e higiene inadequados do açaí favorecem o aumento do número de doentes, possivelmente, porque:

a) Os vetores são atraídos pelas frutas armazenadas em condições precárias, defecam sobre elas e, com isso, o protozoário fica aderido à superfície do alimento.
b) O extrativista pode transferir ovos de platelmintos presentes em suas mãos para as frutas, durante a coleta, que se transformam em larvas contaminantes durante o armazenamento.
c) O armazenamento inadequado cria condições para o crescimento de fungos patogênicos, que seriam facilmente removidos na higienização das frutas.
d) Ratos contaminados por bactérias espiroquetas patogênicas têm fácil acesso às frutas armazenadas, e transferem tais bactérias às frutas ao urinarem sobre elas.

Nutrição, respiração, circulação e excreção

113 (Fuvest-SP) Analise as três afirmações sobre o controle da respiração em humanos.

I. Impulsos nervosos estimulam a contração do diafragma e dos músculos intercostais, provocando a inspiração.
II. A concentração de dióxido de carbono no sangue influencia o ritmo respiratório.
III. O ritmo respiratório pode ser controlado voluntariamente, mas na maior parte do tempo tem controle involuntário.

Está correto o que se afirma em

a) I, apenas.
b) I e III, apenas.
c) III, apenas.
d) II e III, apenas.
e) I, II e III.

114 (Udesc) O coração humano apresenta artérias e veias que levam e trazem sangue ao coração. Relacione as artérias ou veias da coluna A com as suas funções na coluna B.

Coluna A	Coluna B
I - Veia Cava Inferior	( ) conduz(em) sangue arterial ao miocárdio.
II - Artéria Aorta	( ) conduz(em) sangue venoso do ventrículo direito aos pulmões.
III - Artéria Pulmonar Direita e Esquerda	( ) conduz(em) sangue arterial do ventrículo esquerdo para o corpo.
IV - Veias Pulmonares	( ) conduz(em) sangue arterial dos pulmões ao átrio esquerdo.
V - Artérias Coronárias	( ) conduz(em) sangue venoso ao átrio direito.

Assinale a alternativa que indica a associação **correta** entre as colunas, de cima para baixo.

a) II - I - IV - III - V

b) II - I - III - V - IV

c) V - III - II - IV - I

d) III - V - I - II - IV

e) I - II - III - IV - V

115 (FMJ-SP)

Sucesso entre frequentadores de academia, o *whey protein* é composto por proteína em pó extraída do soro do leite. O consumo excessivo de proteína, porém, pode sobrecarregar os rins, provocando a formação de cálculos renais e, em pessoas com predisposição, graves lesões renais.

(*Folha de S.Paulo*, 24.02.2015. Adaptado.)

Considerando o texto e os conhecimentos sobre fisiologia humana, é correto afirmar que:

a) além de provocar problemas renais, o consumo excessivo de *whey protein* pode causar problemas nos músculos esqueléticos, pois eles acumulam proteína de reserva.

b) o consumo excessivo de proteínas, além daquela consumida nas refeições, causa atrofia muscular e, consequentemente, leva ao sobrepeso.

c) o consumo excessivo de *whey protein* gera aminoácidos essenciais que oxidam alguns genes contidos nas células dos rins, desencadeando cálculos renais.

d) o consumo excessivo de *whey protein* leva a uma produção maior de excretas nitrogenados (como a ureia), o que sobrecarrega os rins na tentativa de eliminá-los do sangue.

e) por serem compostos oriundos de animais, as proteínas contidas no *whey protein* podem ser consumidas por qualquer pessoa.

Defesa do corpo e imunidade

116 (UFRGS-RS) O número de pessoas que se recusam a vacinar seus filhos, influenciadas principalmente por informações não científicas veiculadas nas redes sociais, tem crescido significativamente.

Considere as seguintes afirmações sobre as vacinas.

I. A volta de doenças que já haviam sido controladas no país está relacionada à resistência às vacinas, desenvolvida pelos organismos patogênicos.

II. A base do funcionamento das vacinas é a produção de células de memória que facilitarão a proteção contra o patógeno, em contatos futuros.

III. As vacinas consistem em anticorpos isolados de microrganismos causadores de doenças ou mesmo de microrganismos vivos.

Quais estão corretas?

a) Apenas I.

b) Apenas II.

c) Apenas III.

d) Apenas II e III.

e) I, II e III.

117 (Unesc-RO) Imunidade é o conjunto de mecanismos de defesa contra agentes externos, como parasitas, bactérias e vírus ou contra efeitos de agentes nocivos. Sobre antígenos, anticorpos e imunizações, marque V para as afirmativas verdadeiras e F para as falsas.

( ) Anticorpos são proteínas, produzidas por células como o linfócito B, que se combinam com as substâncias estranhas do corpo para inativá-las.

( ) Vacinas possuem anticorpos isolados de microrganismos causadores de certa doença ou mesmo microrganismos vivos atenuados, com o objetivo de provocar produção de antígenos pelo organismo.

( ) Uma substância estranha ao organismo que desencadeia a produção de anticorpos é denominada antígeno.

( ) Os linfócitos T ou células CD8 são especializados em matar células infectadas por vírus e os principais responsáveis pela rejeição de órgãos transplantados.

Assinale a sequência correta.

a) V, V, F, V

b) V, V, F, F

c) V, F, V, V

d) F, F, V, V

118 (PUC-SP) Os imunologistas James P. Allison, dos Estados Unidos, e Tasuku Honjo, do Japão, foram laureados com o Prêmio Nobel de Medicina de 2018, graças aos seus estudos sobre as proteínas CTLA-4 e PD-1, que bloqueiam a ação de linfócitos T humanos sobre células cancerígenas. Ao desenvolverem inibidores da ação dessas proteínas, estabeleceram um modo eficiente de combate a certos tumores.

Assim sendo, pode-se concluir que os inibidores desenvolvidos por estes cientistas:

a) Evitam diretamente a migração das células cancerígenas para outras partes do corpo via corrente sanguínea.

b) Facilitam a ação direta do sistema imunológico sobre o crescimento tumoral, já que as células cancerígenas passam a ser eliminadas.

c) Estimulam a formação de coágulos nas imediações do tumor, o que impede seu crescimento e metástase.

d) Dificultam a distribuição de oxigênio e nutrientes, presentes no sangue do paciente, para as células cancerígenas.

119 (Uece)

Atente ao seguinte trecho de um artigo do jornal O Globo sobre o crescente movimento de pais contra vacinação no mundo: "As vacinas são vítimas do próprio sucesso — pontua o vice-presidente da Sociedade Brasileira de Imunizações (SBIm), Renato Kfouri. — Elas são tão boas em erradicar doenças que parecem obsoletas. O movimento antivacina é algo que me preocupa..."

Fonte: https://oglobo.globo.com/sociedade/saude/movimento-de-pais-contra-vacinacao-cresce-no-mundo-21620399

No que diz respeito a vacinas, assinale a afirmação verdadeira.

a) Diversas doenças como o tétano a poliomielite e o sarampo têm sido eficientemente restringidas pela administração de vacinas.

b) Como forma de tratamento ou prevenção de doença, as vacinas apresentam a mesma eficiência, independente da pessoa e do microrganismo.

c) A vacinação é ineficaz na prevenção de doenças causadas por agentes infecciosos como hepatite B, febre amarela.

d) O objetivo das vacinas é desestimular o organismo de produzir anticorpos contra determinados germes, principalmente bactérias e vírus.

Sistemas nervoso e endócrino

120 (Unifipa-SP) Um tecido à base de polietileno desenvolvido nos Estados Unidos é capaz de manter a temperatura da pele mais baixa. O novo material faz a temperatura da pele aumentar apenas 0,7 °C, ao passo que outros tecidos, como o algodão, podem elevar a temperatura em até 3,4 °C. A composição e a alta porosidade do material fazem com que ele seja muito permeável, a textura de nanoporos permite que 96% do calor os atravessem. A sensação, segundo os autores, é a de estar nu.

(www.cienciahoje.org.br. Adaptado.)

O novo tecido contribuirá para que ocorra, na pele,

a) a redução da vasodilatação e o aumento da sudorese.

b) a redução da vasodilatação e a redução da sudorese.

c) o aumento da vasodilatação e o aumento da sudorese.

d) o aumento da vasodilatação e a redução da sudorese.

e) a interrupção da vasodilatação e a interrupção da sudorese.

121 (FMJ-SP) Uma mulher de 25 anos, com número de cromossomos sexuais normais, apresentou formação de barba, musculatura desenvolvida e voz bem grave. Após um exame nas taxas de alguns hormônios, foi possível detectar que essas características estão relacionadas com um problema

a) na glândula hipófise, que está produzindo muita ocitocina.

b) nas glândulas paratireoideas, que estão produzindo pouco paratormônio.

c) nos ovários, que estão produzindo muita prolactina.

d) no pâncreas, que está produzindo pouco glucagon.

e) nas glândulas adrenais, que estão produzindo muito androgênio.

122 (PUC-SP)

Um ataque com gás tóxico deixou dezenas de mortos [...] em Khan Sheikhun, cidade síria controlada por opositores do ditador Bashar al-Assad. A ONG Observatório Sírio de Direitos Humanos falou em, no mínimo, 58 mortos, entre os quais 11 crianças. [...] O chefe das autoridades de saúde [...] disse acreditar que o gás é sarin [...].

(*Folha S. Paulo*, 04/04/2017).

Sabe-se que o gás sarin é um composto organofosforado que inativa a enzima acetilcolinesterase humana, responsável por degradar a acetilcolina.

Nesse caso, a vítima do gás sofre com seus efeitos diretos sobre

a) as funções hepáticas.

b) a cascata de coagulação sanguínea.

c) o sistema imunológico.

d) o sistema nervoso parassimpático.

Locomoção

123 (UFSCar-SP) A figura ilustra a composição interna de um sarcômero, presente em uma célula humana.

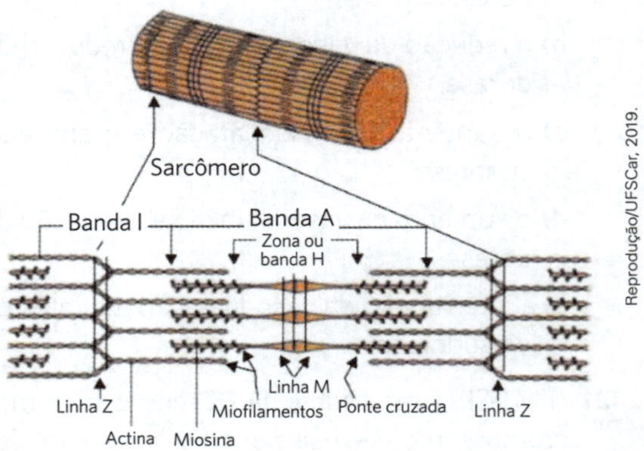

(Donald C. Rizzo. Fundamentos de anatomia e fisiologia, 2012. Adaptado.)

A estrutura esquematizada é encontrada em células que

a) realizam a condução do impulso nervoso.

b) transportam gases no sistema cardiovascular.

c) fagocitam partículas estranhas ao corpo humano.

d) aumentam a resistência dos ossos e dos tendões.

e) executam os movimentos dos músculos estriados.

124 (FMJ-SP) As contrações dos vasos sanguíneos periféricos ocorrem devido a um tecido que apresenta células

a) mononucleadas, sem estrias transversais e de controle involuntário.

b) binucleadas, com estrias transversais e de controle involuntário.

c) binucleadas, com estrias transversais e de controle voluntário.

d) multinucleadas, com estrias transversais e de controle involuntário.

e) multinucleadas, sem estrias transversais e de controle voluntário.

125 (UFRGS-RS) No bloco superior abaixo, estão caracterizadas células do tecido ósseo; no inferior, tipos de células desse tecido.

Associe adequadamente o bloco inferior ao superior.

1. Macrófagos multinucleados da matriz óssea, responsáveis pela disponibilização dos minerais armazenados no osso.
2. Células de reserva lipídica da medula óssea.
3. Células jovens com muitos prolongamentos e intensa atividade metabólica na síntese da parte orgânica da matriz óssea.
4. Células aprisionadas nas lacunas da matriz óssea e com metabolismo mais reduzido.

( ) Osteoblasto
( ) Osteócito
( ) Osteoclasto

A sequência correta de preenchimento dos parênteses, de cima para baixo, é

a) 1 - 2 - 4.
b) 2 - 1 - 3.
c) 4 - 3 - 2.
d) 3 - 1 - 4.
e) 4 - 2 - 1.

126 (Udesc) Graças à propriedade de contração dos músculos, nosso corpo pode realizar uma série de movimentos que, no entanto, são realizados em sua grande maioria com a interação entre os músculos e os ossos.

Analise as proposições em relação aos ossos.

I. Os ossos são tecidos rígidos ricos em cálcio e com pouca inervação.
II. Os ossos são órgãos compostos por diferentes tipos de tecidos como, por exemplo, epitelial, adiposo e nervoso.
III. Algumas de suas funções são o armazenamento de sais e a proteção de estruturas como o coração e o pulmão.
IV. Os ossos são ligados diretamente aos músculos pelas articulações.

Assinale a alternativa correta.

a) Somente as afirmativas II e III são verdadeiras.
b) Somente as afirmativas I e II são verdadeiras.
c) Somente as afirmativas I, II e III são verdadeiras.
d) Somente as afirmativas I e IV são verdadeiras.
e) Somente as afirmativas II, III e IV são verdadeiras.

Saúde e reprodução

127 (UFRGS-RS) Assinale com V (verdadeiro) ou F (falso) as afirmações abaixo, sobre características dos ciclos ovariano e uterino nos seres humanos.

( ) O primeiro dia da menstruação corresponde ao início de um novo ciclo reprodutivo e está associado à queda nos níveis de estrógeno e progesterona no sangue.

( ) A cada novo ciclo, nas mulheres em idade reprodutiva, várias ovogonias são hormonalmente induzidas a iniciarem seu ciclo meiótico.

( ) O corpo lúteo ou corpo amarelo que se forma no ovário, após a ovulação, secreta progesterona que estimula o endométrio a entrar em sua fase secretória.

( ) A queda definitiva dos hormônios no sangue, na menopausa, induz ao término do ciclo menstrual, e os ovócitos residuais permanecem em metáfase II.

A sequência correta de preenchimento dos parênteses, de cima para baixo, é

a) V - V - F - F.
b) F - F - F - V.
c) V - F - V - F.
d) V - V - F - V.
e) F - V - V - F.

128 (Unicamp-SP) O HPV faz parte do grupo dos caudovírus. As verrugas genitais causadas pela infecção do vírus foram estudadas desde a Antiguidade, porém o vírus só foi descoberto 40 anos atrás. Pode-se afirmar corretamente que:

a) A principal forma de se adquirir o HPV é através da ingestão de alimentos contaminados.
b) O câncer de colo de útero não pode ser causado pelo vírus HPV.
c) O vírus HPV pode permanecer latente por vários anos.
d) Não há tratamento nem vacina para o HPV.

129 (UFMS) Em relação à doença conhecida no Brasil por AIDS, causada pelo vírus HIV, é correto afirmar que:

a) o vírus HIV pode ser transmitido por relações sexuais sem uso de preservativo, contato com suor, lágrimas e outras secreções do corpo.
b) durante a gestação, a mãe diagnosticada como soropositiva para HIV não pode fazer uso dos medicamentos retrovirais, pois estes podem causar malformações no embrião ou feto.
c) nos próximos anos, teremos vacinas anti-HIV com alta taxa de eficácia, tendo em vista que o vírus apresenta uma pequena taxa de mutação.
d) usualmente, o HIV não apresenta sintomas de sua presença logo que se instala no organismo, podendo permanecer assintomático por cerca de até 10 anos, período durante o qual não ocorre transmissão do vírus.
e) essa síndrome se caracteriza por um conjunto de infecções oportunistas que surgem devido

à queda da imunidade, ocasionada principalmente pela redução no número de linfócitos T auxiliadores, que são destruídos pelo HIV.

130 (Fuvest-SP) O gráfico representa a concentração de alguns hormônios observados durante a gravidez de uma mulher.

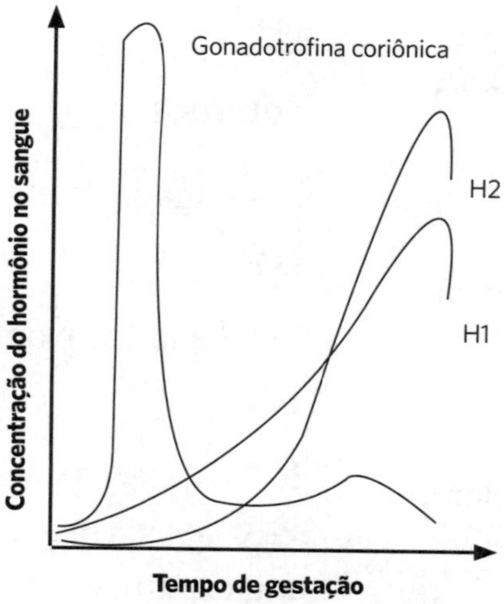

Identifique os hormônios H1 e H2, respectivamente, e o motivo da queda abrupta de suas concentrações no sangue ao final do período de gestação.

	H1	H2	Motivo
a)	progesterona	FSH	eliminação da placenta
b)	FSH	LH	reinício da menstruação
c)	FSH	estrógeno	reinício da menstruação
d)	progesterona	estrógeno	eliminação da placenta
e)	FSH	progesterona	início da lactação

131 (Vunesp) Em relação à aids, temos as afirmativas seguintes:

I. A doença é causada por vírus.

II. O contágio se dá, principalmente, por transfusão de sangue contaminado, contato sexual com portadores e uso em comum de agulha por viciados em drogas.

III. A convivência com a pessoa doente, em casa, no trabalho, na escola, na rua, excluídas as condições mencionadas em II, não oferece perigo de transmissão da doença.

IV. A doença atua sobre o sistema imune, diminuindo a resistência do organismo.

Considerando os conhecimentos atuais, assinale a alternativa:

a) se apenas II, III e IV são corretas.

b) se apenas II e III são corretas.

c) se apenas I, II e IV são corretas.

d) se apenas I, III e IV são corretas.

e) se I, II, III e IV são corretas.

Respostas

Enem

Princípios básicos da Biologia

Características dos seres vivos

1 e

Composição química celular

2 d
3 e

Ecologia

Conceitos básicos

4 a
5 b
6 a

Populações e comunidades

7 a
8 d
9 c

Conservação da biodiversidade

10 a
11 a

Sustentabilidade

12 a
13 c
14 e
15 d

Biologia celular

Membranas celulares

16 a
17 e
18 e

Organelas do citoplasma

19 b
20 b

Metabolismo energético

21 c
22 e

Núcleo e divisão celular

23 c
24 b

Origem e evolução da vida

Origem da vida na Terra

25 d

Evolução

26 a
27 d

Especiação

28 d

Evolução humana

29 d

Diversidade de seres vivos

Classificação de seres vivos

30 c

Procariontes

31 e
32 e

Algas

33 a

Fungos

34 b

Botânica

Diversidade de plantas

35 c

Fisiologia das plantas

36 e
37 e

Reprodução das angiospermas

38 c

Zoologia

Diversidade de animais

39 d

Fisiologia animal

40 e
41 a

Animais: reprodução

42 b
43 b

Genética

Primeira lei de Mendel e probabilidade

44 b
45 d

Alelos múltiplos e tipos sanguíneos

46 a
47 b

Cromossomos sexuais

48 d

Segunda lei de Mendel e ligação gênica

49 d

DNA, RNA e síntese de proteínas

50 a

51 c

52 d

Biotecnologia

53 d

54 e

55 d

Saúde e fisiologia humana

Saúde e qualidade de vida

56 a

57 e

58 e

Nutrição, respiração, circulação e excreção

59 e

60 b

61 e

Defesa do corpo e imunidade

62 b

Sistemas nervoso e endócrino

63 a

64 b

Locomoção

65 e

Saúde e reprodução

66 a

67 b

Vestibulares

Princípios básicos da Biologia

Características dos seres vivos

1 b

2 c

3 c

Composição química celular

4 e

5 c

6 d

7 e

Ecologia

Conceitos básicos

8 b

9 d

10 c

11 d

12 c

Populações e comunidades

13 b

14 b

15 d

Conservação da biodiversidade

16 e

17 c

18 c

19 a

20 a

Sustentabilidade

21 e

22 a

23 a

24 a

Biologia celular

Tipos celulares

25 a

26 b

Membranas celulares

27 c

28 b

29 b

Organelas do citoplasma

30 A organela é o complexo golgiense. Uma estrutura relacionada à reprodução e que origina dessa organela é o acrossomo.

31 d

32 e

Metabolismo energético

33 a

34 c

35 b

Núcleo e divisão celular

36 b

37 c

38 a

39 a) Ocorreu uma não disjunção das cromátides-irmãs durante a anáfase II.

b) A fecundação do gameta C ocasionaria portadores de uma trissomia (2n + 1) e a fecundação do gameta D ocasionaria portadores de uma monossomia (2n - 1).

c) Sim. Se o cromossomo indicado for o cromossomo **X**, o zigoto formado originaria uma mulher com o quadro conhecido como Síndrome de Turner, que leva a baixa estatura e infertilidade.

Origem e evolução da vida

Origem da vida na Terra

40 a

41 c

42 a

43 a) Além da presença de água no estado líquido, essencial para o desenvolvimento da vida nas formas em que a conhecemos, a composição rochosa sugere a presença de minerais, alguns dos quais fundamentais para a composição celular e para muitos processos do metabolismo.

b) As mutações são alterações genéticas aleatórias e imprevisíveis e constituem uma das causas da variabilidade genética na natureza. Devido a esse e outros processos evolutivos aleatórios, como a deriva genética, esses dois planetas podem ter formas de vida muito diferentes, que seguiram processos evolutivos distintos.

Evolução

44 c

45 e

46 c

Teorias evolucionistas

47 e

48 a

Seleção artificial e especiação

49 e

50 a) Órgãos homólogos. Essa comparação permite concluir que o *Pezosiren portelli* e os peixes-boi atuais têm um ancestral comum que sofreu diferentes pressões seletivas que resultaram na diferenciação das espécies.

b) O fechamento do braço de mar isolou geograficamente as populações, interrompendo o fluxo gênico e as submetendo a diferentes pressões seletivas, o que resultou no surgimento da espécie do peixe-boi atual.

Evolução humana

51 c

52 c

Diversidade de seres vivos

Classificação de seres vivos

53 Espécies 6 e 7 devem ser priorizadas. A vantagem é utilizar as relações de ancestralidade expressas no cladograma para direcionar a busca para espécies semelhantes a que produz o antibiótico.

54 b

55 b

56 a

Procariontes

57 a

58 e

Protozoários

59 a) As amebas são seres unicelulares, com apenas uma célula, enquanto os animais são pluricelulares.

b) O material se encontra principalmente no interior no núcleo.

c) Diferentemente dos vírus, a maioria das amebas apresenta vida livre.

d) Amebas que vivem em ambiente de água doce conseguem sobreviver, já que eliminam o excesso de água por meio do vacúolo pulsátil (ou contrátil).

60 a

61 e

Fungos

62 a

63 e

64 c

Botânica

Diversidade de plantas

65 a) As araucárias são encontradas em ambientes com grande exposição à radiação solar, o que leva a um aumento da transpiração e, portanto, da condução pelo xilema e da absorção de água pela raiz. Já os musgos vivem em ambientes sombreados e úmidos, apresentam baixa taxa de transpiração e, portanto, transporte e absorção de água lento. O transporte ocorre por osmose entre as células, enquanto a absorção ocorre pela superfície corporal.

Grupo de plantas	Planta representante	Novidade evolutiva
Briófita	Musgo	–
Pteridófita	Samambaia	Tecidos condutores
Gimnosperma	Araucária	Semente, tubo polínico
Angiosperma	Pitangueira	Flor, fruto

66 c

67 d

68 e

Fisiologia das plantas

69 c

70 d

71 c

72 d

Reprodução das angiospermas

73 a

74 c

75 e

76 d

Zoologia

Diversidade de animais

77 d

78 a

79 d

80 a

Animais: alimentação e nutrição

81 a

Animais: circulação, respiração e excreção

82 e

83 d

Animais: reprodução

84 c

85 e

86 c

Genética

Primeira lei de Mendel e probabilidade

87 b

88 d

89 a) Parentais:

Aa (mulher) × **aa** (homem)

F1: 1/2 **Aa** e 1/2 **aa**

As crianças clinicamente normais serão todas aquelas com genótipo **aa** e 30% daquelas com genótipo **Aa**, devido à penetrância incompleta.

b) 1/2 (**aa**) + 30% × 1/2 (**Aa**) = 50% + 30% × 15% = 65%

90 A herança é autossômica dominante para ausência de chifres. Portanto, os genótipos (**A_**) não apresentam chifres, e os genótipos (**aa**) têm chifres. Dado que alguns de seus descendentes possuem chifres, o genótipo do macho deve ser **Aa**. As cabras 1 e 2 apresentam chifres, portanto seus genótipos devem ser **aa**. Para que o terceiro filhote possua chifres e sua mãe não, esta deve possuir o genótipo **Aa**.

Alelos múltiplos e grupos sanguíneos

91 e

92 a) O pai de João apresenta somente aglutininas **anti-B**, portanto seu tipo sanguíneo é **A**. João possui o tipo **AB**. Pela análise dos cruzamentos entre os avós de João, pode-se concluir que seu pai e sua mãe têm genótipo **I^Ai** e **I^Bi**, respectivamente. Assim, a probabilidade de que João tenha uma irmã com o tipo sanguíneo **O** é de 1/2 (mulher) × 1/4 (**ii**) = 1/8.

	I^A	i
I^B	I^AI^B	I^bi
i	I^Ai	ii

b) A mãe de João teve uma primeira gravidez em que foi exposta ao fator **Rh^+**, e produziu anticorpos anti-Rh, tanto que João nasceu com a eritroblastose. Essa sensibilização poderá gerar eritroblastose numa futura criança que seja **Rh^+**.

93 a) Parentais **Cc^{ch}** × **c^hc^a**

Os descendentes serão selvagem e chinchila.

b) Pode-se dizer que os coelhos são da mesma espécie porque podem se reproduzir entre si, gerando descendentes férteis. Os alelos múltiplos surgem a partir de mutações.

Cromossomos sexuais

94 c

95 a) 1º evento: filha (1/2) afetada pela DH (1/2) = 1/4

2º evento: filha (1/2) não afetada (1/2) = 1/4

Probabilidade de ocorrência dos dois eventos: 1/4 × 1/4 = 1/16 ou 6,25%

b) A hemofilia apresenta um padrão de herança genética ligada ao cromossomo **X**. Por ter um caráter recessivo, a mulher precisa ter o gene em homozigose para manifestar a doença. Já para o homem, basta que o gene esteja presente em um cromossomo **X** para que a doença se manifeste, tornando a ocorrência da hemofilia maior entre os homens.

96 O heredograma permite inferir que o padrão de herança para essa alteração é recessivo ligado ao sexo, ou seja, por gene localizado no cromossomo **X**, na sua porção não homóloga ao **Y**. Isso é percebido pelo fato de a herança afetar, no heredograma, somente homens, que transmitem o gene por meio de suas filhas. Além disso, os filhos homens de indivíduos afetados não manifestam a anomalia, por herdarem o cromossomo **Y** de seus pais.

Segunda lei de Mendel e ligação gênica

97 a) A segunda lei de Mendel diz respeito à segregação independente dos genes não alelos situados em pares de cromossomos diferentes. Devido à segregação independente dos genes de cromossomos distintos, haverá gametas com todos os genótipos possíveis, o que aumenta a variabilidade genética.

b) Outro processo que promove maior variabilidade genética é o *crossing-over*, que envolve a troca de segmentos entre cromossomos homólogos. Poderiam ser ainda citadas as mutações, tanto gênicas como cromossômicas.

98 a) Animal aguti de olhos negros: **aaB_**. O animal **Aabb** terá, como fenótipo, pelos amarelos e olhos cor de mel.

b) Parentais: **AaBb** × **AaBb**

Gametas	AB	Ab	aB	ab
AB	AABB	AABb	AaBB	AaBb
Ab	AABb	AAbb	AaBb	Aabb
aB	AaBB	AaBb	aaBB	aaBb
ab	AaBb	Aabb	aaBb	aabb

O genótipo **AA** é letal, portanto são apenas 12 genótipos possíveis. O indivíduo aguti com olhos cor de mel deve possuir genótipo **aabb**.

P (**aabb**) = 1/12

P (macho **aabb**) = 1/12 × 1/2 = = 1/24

99 a) Os gametas recombinantes serão **Ab** e **aB**.

b) A frequência da ocorrência de gametas recombinantes é proporcional à distância relativa entre os dois genes, sendo então 15%. A frequência de descendentes com genótipo **Ab/ab** será de 15/2 = = 7,5%, ou seja, de 75 indivíduos.

100 e

Interação gênica e pleiotropia

101 Trata-se do fenômeno de interação gênica conhecido como epistasia, em que o gene de um *locus* interfere na expressão de um outro *locus*.

O casal de cães, com pelagem chocolate, que teve fIlhote dourado, é heterozigoto para o alelo **e**, sendo assim ambos **Ee**.

Por terem pelagem chocolate, são **bb**.

Assim, o cruzamento será entre **Eebb** × **Eebb**.

A probabilidade de que tenham um filhote de pelagem chocolate (**Eebb**) é, portanto, de 3/4.

102 a

103 d

DNA, RNA e síntese de proteínas

104 b

105 a) Um códon é uma sequência de 3 nucleotídeos, que pode indicar o início, a parada ou a transcrição de um aminoácido específico. Os códons compõem as moléculas de DNA e RNA.

b) A degeneração do código genético diz respeito ao fato de diferentes códons produzirem o mesmo aminoácido, a exemplo da valina, que pode ser codificada por **GUU**, **GUC**, **GUA** e **GUG**.

106 a) Apenas os éxons contêm informação para a sequência de aminoácidos das cadeias proteicas. A região promotora marca o local onde o RNA polimerase iniciará a transcrição. Os íntrons são removidos no processo de *splicing*.

b) A mutação na região promotora não altera a estrutura da proteína finalizada, mas a diminuição da expressão gênica é reduzida devido à queda na atividade enzimática.

Biotecnologia

107 a) Bactérias. São empregadas enzimas de restrição (endonucleases).

b) O plasmídeo deve ser incorporado ao material genético das células para que seja transcrito e traduzido, e assim expresse o antígeno.

108 b

109 b

Saúde e fisiologia humana

Saúde e qualidade de vida

110 c

111 d

112 a

Nutrição, respiração, circulação e excreção

113 e

114 c

115 d

Defesa do corpo e imunidade

116 b

117 c

118 b

119 a

Sistemas nervoso e endócrino

120 b

121 e

122 d

Locomoção

123 e

124 a

125 d

126 a

Saúde e reprodução

127 c

128 c

129 e

130 d

131 e